西班牙加那利群岛火山地质

[西]弗朗西斯科·安吉塔等著

吴河勇　门广田　刘文龙　雷茂盛
常玉珠　霍凤龙　李兴伟　等译

石油工业出版社

内 容 提 要

本书以简洁生动的语言和大量的图片资料描绘了西班牙加那利七群岛火山形成的大地构造背景、演化过程及地质概况，并提供了认识程度较高的野外考察路线，从地质学角度反映了当今世界对火山的研究水平，可扩展广大地质工作者的视野。

本书适合从事油气田勘探开发的科技人员及大中专院校的师生参考阅读。

图书在版编目(CIP)数据

西班牙加那利群岛火山地质/(西)安吉塔著；吴河勇，门广田等译.
北京：石油工业出版社，2009.10
ISBN 978-7-5021-7384-5

Ⅰ.西…
Ⅱ.①安…②吴…③门…
Ⅲ.火山-地质构造-研究-西班牙
Ⅳ.P588.14

中国版本图书馆 CIP 数据核字(2009)第 162049 号

出版发行：石油工业出版社
(北京安定门外安华里 2 区 1 号 100011)
网 址：www.petropub.com.cn
编辑部：(010)64523560 发行部：(010)64523620
经 销：全国新华书店
印 刷：石油工业出版社印刷厂

2009 年 10 月第 1 版 2009 年 10 月第 1 次印刷
787×1092 毫米 开本：1/16 印张：11.25
字数：296 千字

定价：115.00 元
(如出现印装质量问题，我社发行部负责调换)

本书中文版翻译人员（左起：常玉珠、门广田、吴河勇、刘文龙、雷茂盛、霍凤龙）
与弗朗西斯科（Francisco Anguita）教授（正中）在野外进行火山地质考察时合影

弗朗西斯科教授在为考察组成员进行室内授课

本书部分译者与弗朗西斯科教授在野外实地考察

本书翻译组部分成员与弗朗西斯科教授深入探讨加那利群岛火山地质情况

编译者的话

自 2001 年松辽盆地北部深层火山岩发现大型岩性天然气藏，一时间火山岩储层成为油气勘探的新热点。相对于常规的沉积岩储层研究来说，火山岩既有沉积岩的一些性质，更多具有其自身独有的特点。为了更深入地研究火山岩，为深层火山岩油气勘探提供地质指导，认清火山岩岩性、岩相、储层分布规律，2006 年 1 月，大庆油田公司勘探开发研究院派出了现代火山岩考察团，对世界火山研究水平较高、火山类型多样、火山地质情况相对复杂、借鉴意义较大的西班牙特内里费等火山岛组成的加那利群岛进行了为期 14 天的考察。考察主要以野外踏勘为主，期间西班牙马德里大学（Universidad Complutense de Madrid）世界著名火山岩学者弗朗西斯科（Francisco Anguita）教授提供了详尽的讲解，考察团成员与佛朗西斯科教授就火山的成因、分布等问题进行了广泛深入的探讨与交流，收获很大。

为了同广大勘探地质工作者分享本次考察的成果，考察团决定结合踏勘考察实践，在征得佛朗西斯科教授的授权许可后，决定翻译出版他的专著《西班牙加那利群岛火山地质》（Los volcanes de las Canarias：Guia geologica e itinerarios）。本书内容翔实，深入浅出，较为详细地介绍了西班牙加那利七群岛火山形成的大地构造背景、演化过程及地质概况，并提供了认识程度较高的野外考察路线，既能反映当前世界火山的研究水平，又可扩展广大火山地质工作者的视野。因此，在当前火山研究“热”的情况下，无论是从矿产资源开发还是从减灾防灾预测多个角度，译介此书都非常有意义。

本书作为此次西班牙加那利群岛地质考察交流成果之一，经过全体翻译人员的努力，终于完稿了。欣喜之余，我们又深感不安：由于东西方文化有别、认识观点差异等原因，在翻译过程中疏漏之处在所难免，恳请专家、学者批评指正！

Authorization

I undersigned Francisco Anguita authorize Mr Wu Heyong and Mr Men Guangtian of the Daqing Oil Field Co. Ltd. Exploration and Development Research Institute to translate the book

"Los volcanes de las Canarias: Guía geológica e itinerarios" written by me, and to publish it in Chinese version in China.

Signed

Francisco Anguita

On August 28th, 2007

前　　言

加那利群岛是如此美丽，当看到无法想像的自然美景时，第一次考察加那利群岛的人都会涌出一种奇妙的感觉。人们会问：为什么会有 Roque Nublo(西班牙语：Roque 意指石头，Nublo 意指云雾。是一块高约 80 米的巨型独石碑，由 450 万年前的火山喷发形成，常年被云雾笼罩)？为什么会有大加那利岛？为什么会有富埃特文图拉岛上的沙丘？又为什么会有特内里费岛？

如果说这本书解决了所有的问题，那是不现实的，科学家还在就诸如"为什么会形成加那利群岛"这样的基本问题进行讨论。此书通过图解的方式，沿着考察线路，让人们看到每个岛上最有地质特色的地方，向考察者展示每个岛屿以及加那利群岛的地貌、构造及形成演化方面的情况(群岛以及与其有关的非洲大陆部分)。图解是简明的：第一章阐述什么是火山以及它为什么会出现；第二章总体介绍加那利群岛并且讨论它的起源；之后逐个讲解每一个岛屿。

我们力求用通俗的语言，让读者了解加那利群岛火山之自然美产生的原因。

作　　者

目　　录

第一章　火山概述

当我们谈起火山,通常会想到一个被截断的圆锥体形、上面还冒着一缕缕烟雾的山(图1.1,图1.2)。我们还会想到夏威夷群岛的火山喷泉一样喷出炙热的物质,以及由红色的熔融物质组成的河流一样流过地表的熔岩流(图1.3,图1.4)。其实,火山的类型有很多,其喷发的形式也多种多样。从纯粹的物理学角度来看,火山是地球内部的熔融物质和气体离开地表的地方。火山的科学名称是火山机构(edificios volcánicos)。孩子们所画的火山,是火山喷发出的物质在喷发点周围堆积而成的堆积物。总之,火山的形成需要三个步骤:(1)熔融物质在地球内部形成;(2)熔融物质的上升;(3)熔融物质溢出地表。如我们所见,这三个步骤的各种变化可以表现所有的现象和火山的形状。

图1.1　1980年灾难性大爆发之前的圣海伦斯火山(位于美国西北部)(转载自美国地质调查局)

图1.2　菲律宾马荣火山爆炸式喷发(转载自美国地质调查局)

图 1.3　夏威夷火山喷发中的熔岩喷泉
（转载自美国地质调查局）

图 1.4　夏威夷基拉韦厄火山的熔岩流
（转载自美国地质调查局）

一、岩浆的产生

岩浆是从火山中溢出地表的蒸汽、熔岩和固体矿石的混合物。那么，这些熔化的岩石来自地球内部的哪个地方呢？我们通过地震能了解地球内部的主要组成部分及其物理状态：借助地震所产生的震动（即地震波）的扩散，我们可以计算出这些矿石的硬度、密度以及其他特性。对地震波的分析结果显示：地球可分为同一球心的三个圈层：地壳，地幔和地核（图 1.5）。地壳，地幔和地核是三大组成部分。岩石圈十分坚硬，而地幔的其他部分都是软的。

地球物理和地球化学方面的资料（还包括出现在地表的一些深层物质）表明地幔是由一种名为橄榄岩的岩石组成的。当我们加热一块橄榄岩，岩石便会发生部分熔融。产生的熔融物质是玄武岩岩浆（地球中蕴含量最丰富的岩浆）；与此同时，剩余那部分未发生熔融的物质是由橄榄石矿物晶体组成的。那么，我们经常在玄武岩中找到橄榄石这一事实，基本上可以说明橄榄石产生于地幔中发生了部分熔融的橄榄岩岩浆。这种岩浆被称为原始岩浆，它主要在深度为15 ~100千米之间的地方流动。

另一方面，地震波传递的信息还告诉我们，地幔是呈固体状态的。然而，如果遇到以下情况，地幔会熔化（图 1.6）：(1)温度升高；(2)压力下降；此外，温度升高，含水量增加，也可以使地幔熔化。在地幔中，这三种情况经常发生。在强大的力的挤压下，地幔的最上层（包括地壳

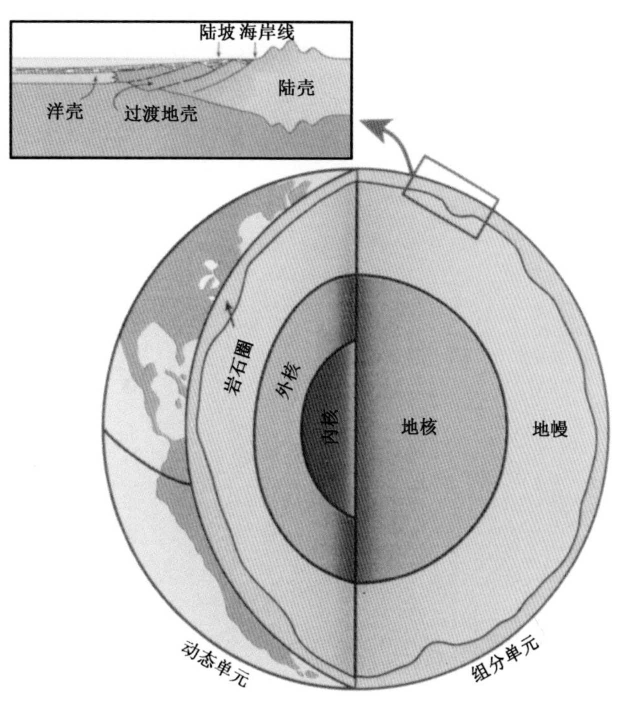

图 1.5　由地震数据推测的地球的内部结构

即所谓的岩石圈，图 1.5）会破裂成多个板块。这些板块相互挤压移动，我们将这一活跃的运动称为板块构造运动（图 1.7）。

火山并非随意地分布在地球上，而是主要集中于板块的边缘。在大洋中脊或者生长边界，板块的分离使得处于其下的地幔中的压力下降，地幔因此而熔融（图 1.6），大洋中脊是地球上火山活动最活跃的地方，由火山岩构成的海底地壳就产生于那里。在消亡边界以及板块俯冲带（一个板块下插到另一个板块下方的区域），上下两个板块的摩擦产生了大量的热。当压力增大、温度升高时，海底地壳吸收的水分被释放出来并侵入了地幔中，从而改变了地幔的化学成分，还促进海洋地壳发生熔融。因此，板块俯冲带上方就会产生火山。环太平洋火山带就属于这一类火山。此外，在地质图上，我们还看到，板块内部也有火山，比如加那利群岛的火山。有时，板块内部的火山以异常的高温与地幔相连，即所谓的热点。据推测，它们产生于来自地幔与地核边界处高温物质热柱（penachos térmicos）的上升。当热柱到达靠近地面压力较小的区域时，炽热的物质局部熔融并且产生火山活动。与热点相关的火山活动中，最著名的例子是夏威夷群岛的火山。其他在板块内部的火山并不处于高温物质热柱的上方，而是在一个巨大的断面上方。断面所在之处的地壳破裂，使地幔内压力降低并且熔融。

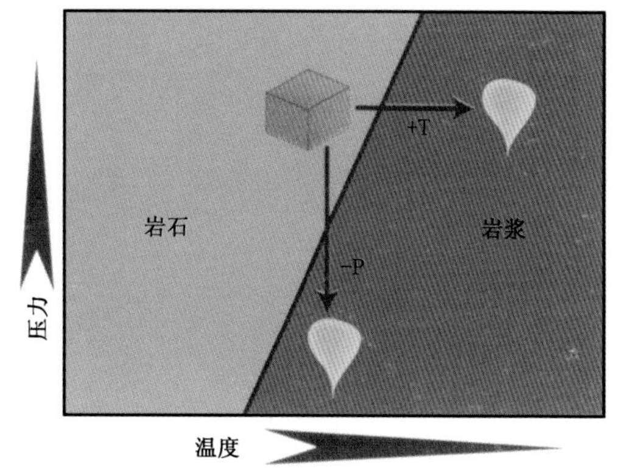

图 1.6　温度的升高或压力的下降均可使地幔局部熔融

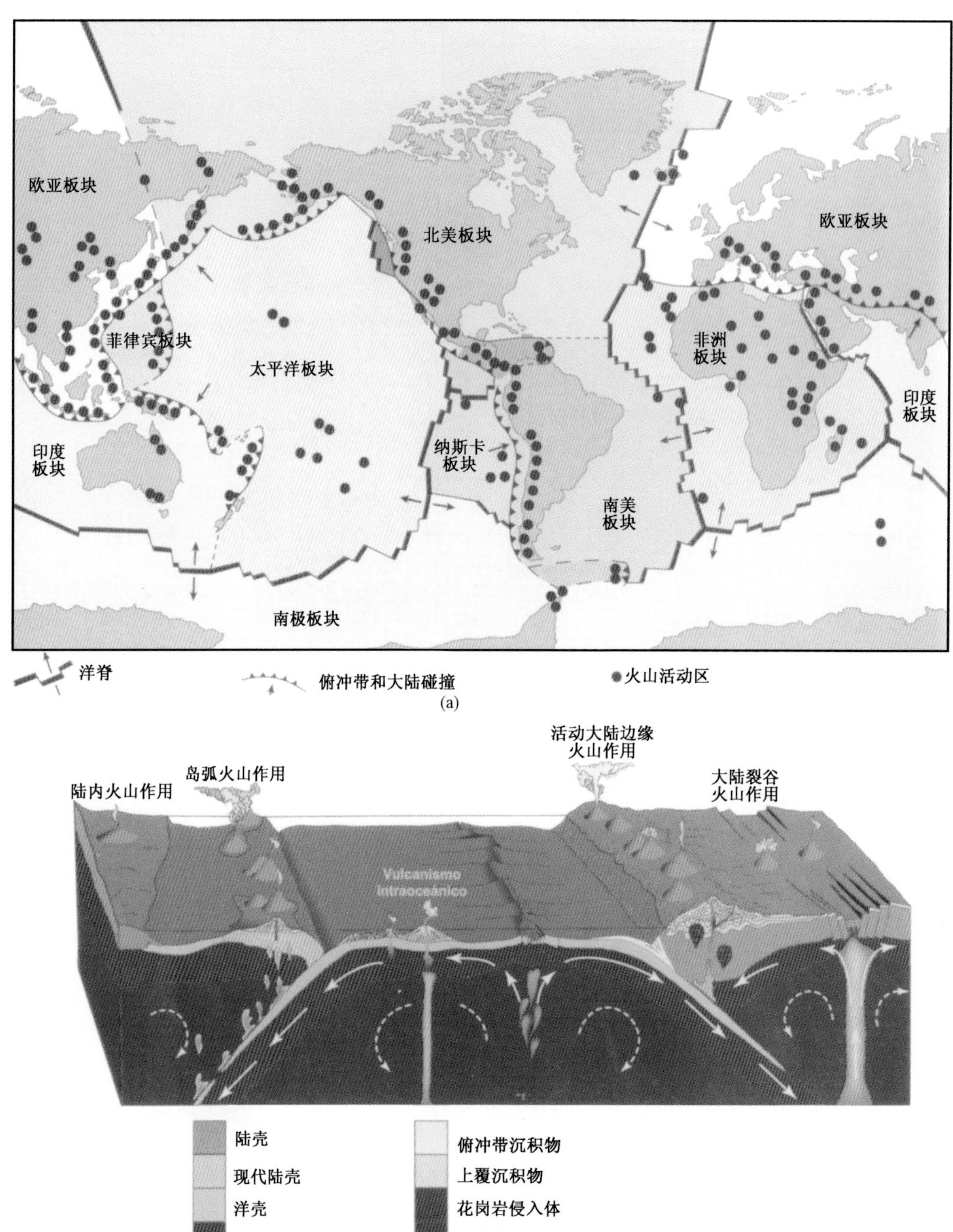

图 1.7 (a)由岩石圈分裂产生的板块构造图(据 Wilson,1989);(b)板块剖面图以及板块与火山活动的关系示意图(据 Kraft 和 Larouziere,1999)

二、岩浆的上升过程

随着熔融产生大量的岩浆，这些岩浆在固态的岩石间聚集形成了相互连接的一片区域。由于密度小，它最终开始向地表上升（图 1.8），但是在上升的最后阶段，压力下降，岩浆失去了上升的动力，停留在地壳中。在那里，大量岩浆聚集形成了所谓的岩浆房。如果岩浆来自于蕴含巨大能量的热点，那么它们将从熔融的地方直接到达地表；然而，它们通常都会停留在岩浆房中。岩浆房中岩浆的储存对其成分有着重要影响。因为当岩浆开始冷却时，矿物也开始结晶，由于它比岩浆密度大，因此这些矿物在岩浆房中下沉，所以，剩余岩浆的成分等于原始岩浆成分减去结晶的成分。这一改变了岩浆组成成分的过程叫岩浆的分异或演化，它决定了大多数岩浆的成分与原始的玄武岩浆不同。如果不同之处来自于结晶体的分异，这种分异现象叫做结晶分异（图 1.9）。此外，在岩浆房中还会发生其他一些变化，可以改变岩浆组成。比如吸收其他成分，即岩浆房内壁的岩石熔化并与岩浆混合（图 6.26）。

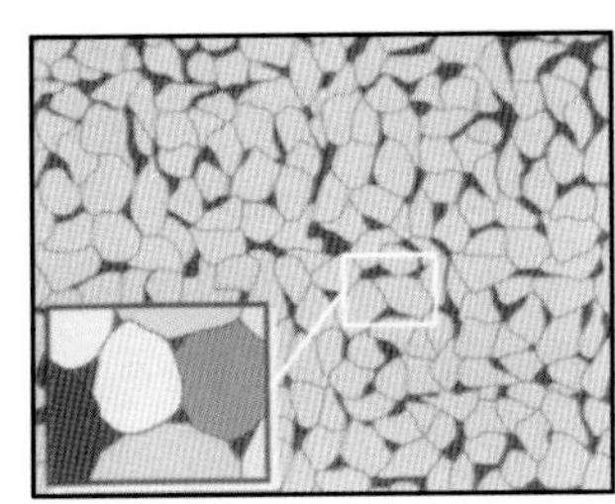
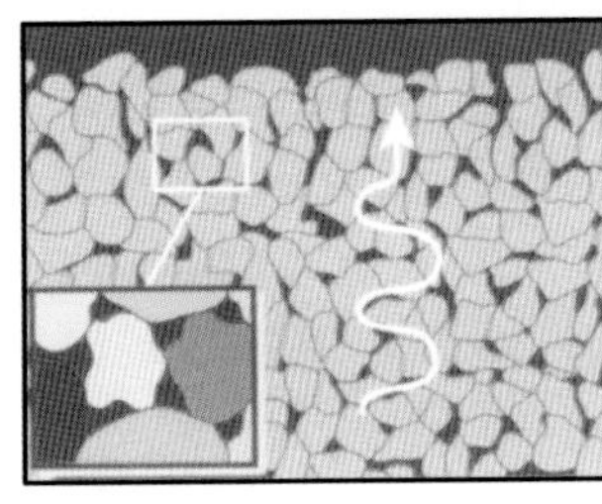
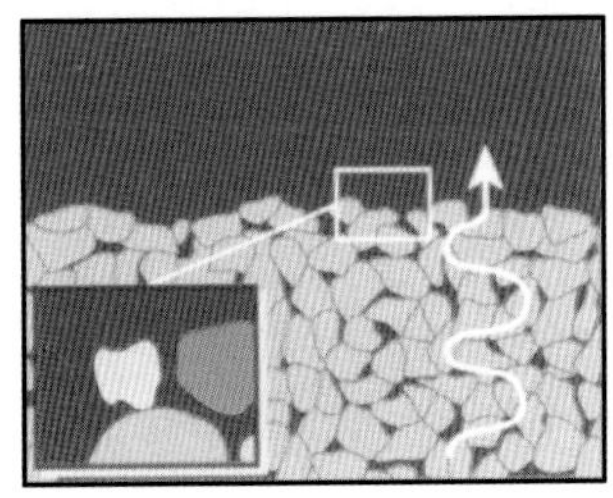

图 1.8　岩浆的形成：起始只是缝隙间的液体，后来成为一团上升的物质

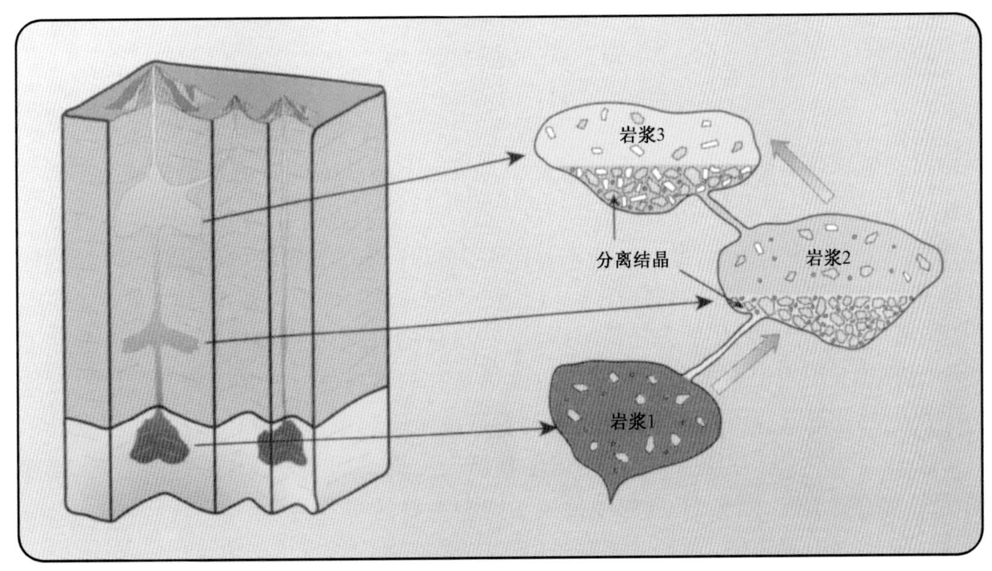

图 1.9　岩浆房中的结晶分异：剩余的熔融物质的成分不断变化

如果岩浆长时间停留在地壳内部，它将冷却直至完全结晶，即形成所谓的深成岩。只有当地壳厚度因受到风化剥蚀而大幅度减薄时，我们才有可能在地表发现深成岩。另一些岩浆通过裂隙到达地表，形成了岩墙，岩墙由大量上升过程中在断面处凝固的块状岩浆构成，大部分岩墙是向火山运送岩浆的通道。

此外，岩浆中还有挥发性气体（一般是两种挥发气体），如水蒸气、含硫氧化物或二氧化碳。当这些气体靠近地表时，由于压力下降，挥发性气体从岩浆中逸出（除非岩浆黏度非常大，挥发性气体无法逸出），形成气泡，与熔融物质一同上升，岩浆到达地表时的爆炸能力主要取决于这些挥发气体，因为挥发气体的量决定着火山喷发类型。

三、岩浆与火山岩的种类

玄武岩（图 2. 11）是由火山喷发时流出地表的玄武岩浆冷却形成的。与此相反，如果玄武岩浆在深处结晶，将形成所谓的辉长岩。当只有少量矿物结晶，玄武岩浆会在大约 1200℃ 的高温下喷发。在一团岩浆或在地表经快速冷却形成的小块结晶体中，可用肉眼看见这些矿物结晶（用放大镜或显微镜可以看得更清楚。图 2. 11b，图 6. 33c），但是如果岩浆长时间停留在岩浆房，将在其底部将聚集大量结晶物质，从而形成了所谓的堆积深成岩（图 4. 10）。

随着岩浆中不断发生结晶，岩浆的成分也在不断变化。对于岩浆，就如加那利群岛上的岩浆，其演化过程终止于粗面岩和响岩（图 2. 1，图 2. 12），以及其他类似深成岩的形成（在很多情况下，岩浆的演化终止于流纹岩的形成）。如果在岩浆的分异过程中火山喷发，会形成未完全演化的岩石，比如粗玄武岩，其性质介于原始岩浆形成的岩石和分异结晶形成的岩石之间。

四、火 山 喷 发

火山喷发意味着岩浆已到达地表。当推动岩浆向上运动的推力超过岩浆房上方岩石的重力时，火山就开始喷发了。推动岩浆上升的推力产生归结于物质密度不同的原理，或者来自于从熔融物质中溶出的挥发分的推力。挥发分的推力只在接近地表处产生，当大量气泡聚集直到足以冲破上覆岩层使岩浆溢出时（图 1. 10），这一推力就产生了。被冲起的碎屑如同气垫船一样在溢出的气体中运动，几乎无任何障碍，这些炽热的气体不断增加，对火山道施加了巨大压力。火山道基本相当于炮筒和喷气式飞机的排气孔的结合体。它是碎屑与气体以爆炸的方式喷出而产生的。那么，我们根据岩浆在上升的最后阶段居于主导地位的机理，根据其差异将其喷发方式分为两类：① 喷溢式喷发，因熔融物质向上推动而喷发；② 爆炸式喷发，以挥发分产生的压力为主要动力，图 1. 11 形象地描绘了四种主要的喷发类型。

在夏威夷式火山喷发中，岩浆以相对平静的方式从火山口和裂隙中溢出（图 1. 3）。由于岩浆中挥发分的含量少，少量气泡不足以产生冲破岩浆的推力；与此相反，在爆炸式火山爆发中，岩浆中含有大量挥发分，一旦挥发分从岩浆中分异出来，就会造成岩浆猛烈破碎，形成爆炸

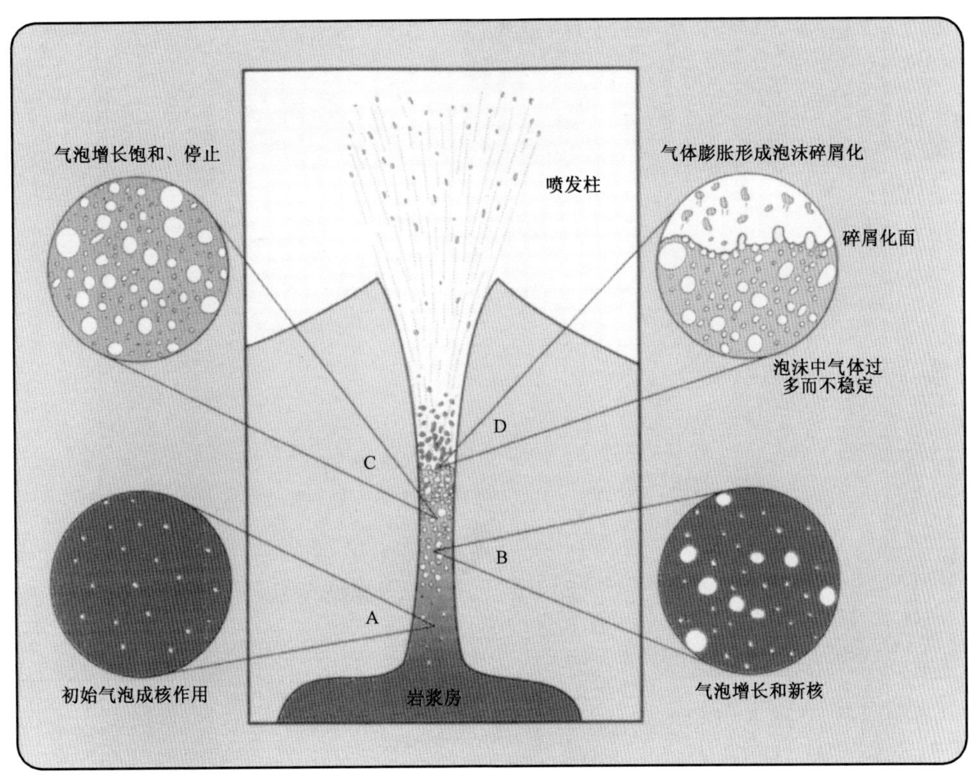

图 1.10　火山喷发中挥发分的作用：气体逃溢（A）和气泡的形成（B、C）最终可以冲破岩浆房并以喷发柱的形式将岩浆喷出

性喷发。挥发分的溶出通常发生于岩浆房中岩浆停滞并部分结晶阶段，因此，强烈的爆炸式喷发与原始岩浆毫无关系，却与发生结晶后的岩浆有关。由气体和岩浆碎屑混合而成的喷发柱的高度通常在几百米（如斯通博利型喷发）到上万米（亚普林尼奥式喷发和普林尼奥式喷发）。

最后一种爆炸式喷发是岩浆水汽爆发或岩浆地下水爆发（图 1.12），如大加那利岛（第五章）的 Roque Nublo 火山。当岩浆在其上升的最后阶段，在喷发区域的地下或地表遇到水。水蒸气增加了岩浆中气体的含量，从而引发碎屑爆炸，发生水汽爆发。这类喷发的特点是发生侧向的爆炸，爆炸产生一种叫做火山碎屑浪的沉积（或火山碎屑流，亦称涌浪，英语中为 surges）。这些沉积是由非常细小（爆炸的力量使岩浆碎块变得细小）却带有很高能量的（图 5.33）的物质组成。

五、火山喷溢物

火山喷发碎屑一般由大量成分相同的岩石组成，最常见的岩石是由在喷溢式喷发中喷出的岩浆形成的熔岩流冷却成的。由于熔岩流的自由流动性，它们不断向凹陷地区流动，通常会填补山谷的低部位。熔岩流的流动性大小与其黏度（是指每个微粒与其他微粒之间的摩擦力）大小相反：熔岩的黏度越大，其流动性越小。同时，熔岩中结晶体的质量越大，其黏度越

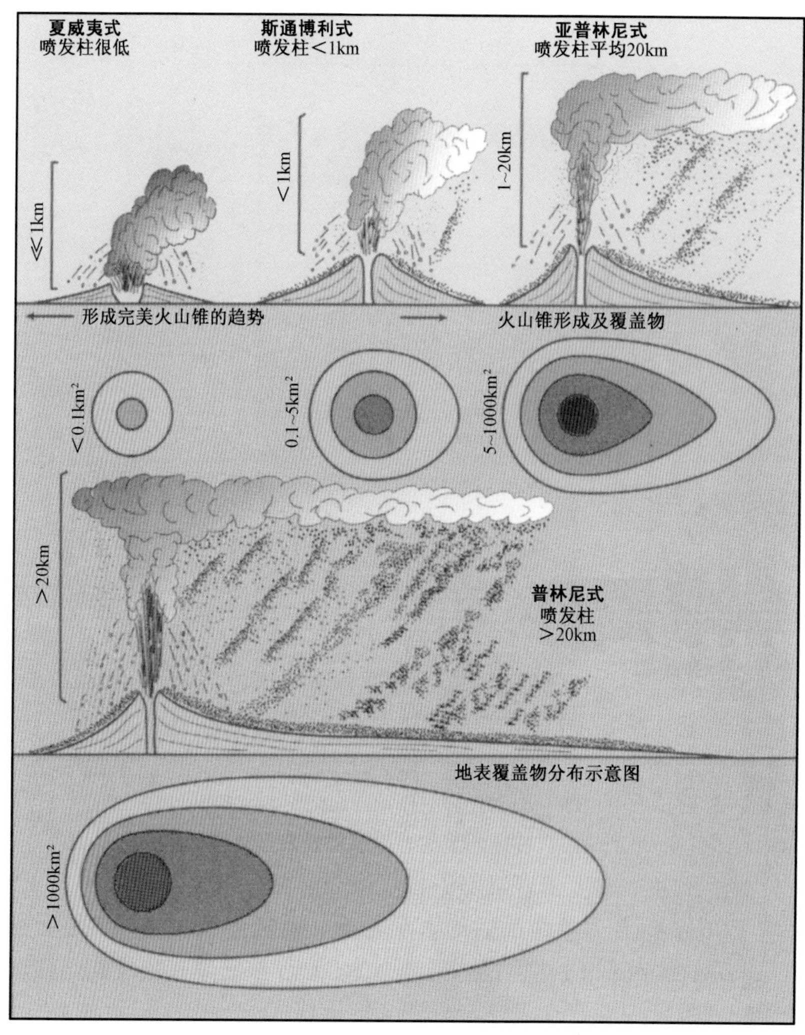

图 1.11 火山喷发类型及其产生的喷发柱

大。因此，玄武岩岩浆的黏度远远小于正在结晶过程中的或已发生大量结晶的岩浆的黏度。与此同时，不论何种成分，温度较高的熔岩黏度比较小，所以熔岩冷却时会停止流动。

高温下喷发出的玄武岩熔岩在地表流动，其厚度小，但却可以到达几千米之外的地方。这些流动的熔岩形成了平坦的或略微起伏的表面，就是我们所知的夏威夷熔岩或结壳熔岩（图 2.2）。在其仍然松软的表面，熔岩的流动能够形成绳状皱纹地貌（或脊索状熔岩，因其外形像一卷绳子），如果熔岩流的厚度很厚，那么在表层冷却形成硬壳的情况下，其内部的熔岩仍然可以流动。若其内部是空的，则称其为“熔岩管道”（图 3.17）。

更黏稠的岩浆其熔岩的流动更困难。在流动过程中，已固结的岩层发生破裂，使岩层变得粗糙无规则（即结壳熔岩）。如果破裂后的碎块粘结成体积很大的熔岩块，我们称之为块状熔岩（图 2.2）。如果极其黏稠的熔岩形成了几米厚的块状熔岩，我们称之为熔岩穹丘（图 7.24）。穹丘是大量高黏度的、几乎不流动的熔岩（图 2.1）在火山喷发区冷却形成的丘状物。边缘陡峭的丘状物叫岩钟或岩针（pitones 或 agujad）。

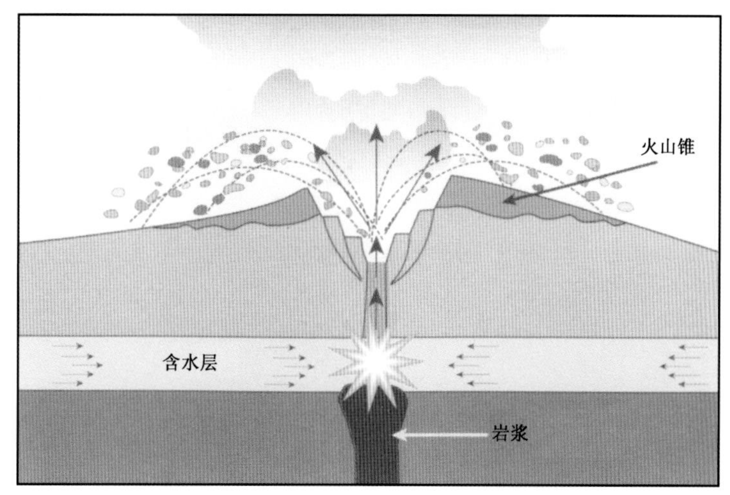

图 1.12　岩浆水汽爆发:岩浆使水体蒸发
(例如:一个水体,就是孔隙中含水的岩石),从而引发剧烈爆发

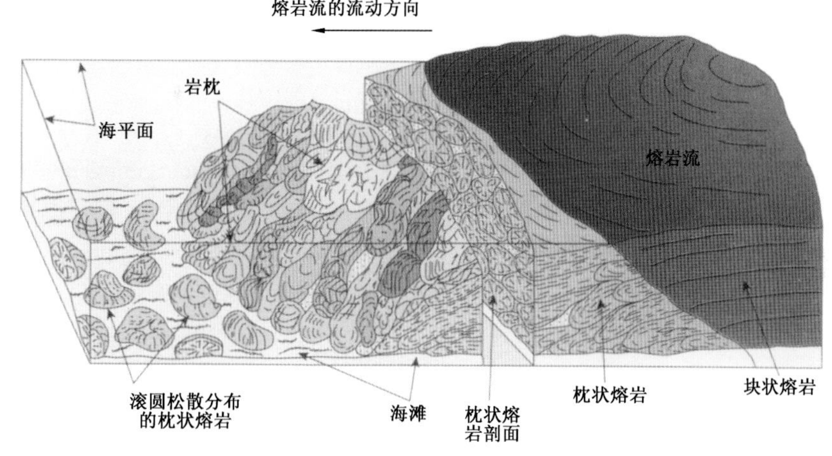

图 1.13　在熔岩流到达海面之下枕状熔岩的形成,
在图 5.23 中可以看到一个实例(据 Araña 和 Carrcedo,1978)

若火山喷发发生于深水区(比如深海底),由于水的压力抑制了岩浆大量喷出,因此这种喷发多为喷溢式的。在喷发过程中,熔岩迅速冷却形成硬壳,而硬壳之下岩浆仍在溢出,使其不断膨胀直至破裂(图 1.13),熔岩流到达海底时,情况也同样如此。由于这种独特的喷发方式,深海中的熔岩形状很有特点,近似圆形,即所谓的枕状熔岩(图 4.8。在英语中为 pillow - lava)。

有时,我们不仅能够观察熔岩流的外部构造,而且可以观察其内部结构。熔岩流最典型的特点是量大,且其底部有个开口。如果熔岩流规模大又厚,量大的那部分会因熔岩流顶部和底部(图 7.12)的冷却而形成直立的柱状体(柱状节理)。在粘满黏土的熔岩流下,黏土(红赭石,图 7.12)因受热而发红(图 6.28)。

图 1.14　世界上最高的山(10km)就是这个云雾环绕的平静的盾火山:夏威夷群岛的 Mauna Kea 火山(海平面以上高为 4208m,海平面以下的部分为 6000m)

六、喷溢式火山机构

主要喷发物是熔岩流的火山有两种:一次喷发火山(volcanes monogeneticos)和盾火山。之所以称之为一次喷发火山,是因为它在历史上只喷发过一次,且其产物主要是熔岩流和一些由火山喷发碎屑(因挥发分喷出爆炸而被抛入空中的熔岩碎屑)堆积而成的小的火山渣锥(图 4.18,图 4.21),此类火山通常以带有数十个火山锥组成的火山群的形式存在。每个火山锥都有自己的熔岩基底,这说明岩浆房中的岩浆每次都从不同的地方喷出地表。

与一次喷发火山不同,盾火山一般只有一个火山口。因此,盾火山是由喷发出的熔岩不断堆积形成的,有的是在数百万年间,经过无数次喷发形成的,其高度可达数千米(图 1.14)。有的盾火山经过多年风化剥蚀,形成了一片连绵的熔岩山(图 4.15),但同时也有小的盾火山(图 4.17)。

七、火山碎屑物

“火山碎屑”是火山爆炸或喷发至空中的所有熔岩碎块的总称。根据火山喷发碎屑的尺寸,将其分为火山灰(直径 2 毫米),火山砾(直径 2 ~64 毫米)和火山块(直径大于 64 毫米,图 8.28,图 9.12),在喷发过程中,火山内的爆发力经常将火山通道内壁的岩石冲出。这些岩石的碎块叫做岩屑或外生碎屑;而熔岩碎屑则被称为浆源碎屑;有时喷出火山通道、仍然炽热的巨大熔岩碎屑在空中飞行时,因受擦力而变成圆滑的流线型,这种圆滑的熔岩碎屑叫做火山弹。其他常见的物质是火山渣和浮岩,两种均为多细孔(指的是挥发分从岩浆中逃溢出并形成气泡)的碎屑。火山渣是玄武岩浮岩,而浮岩(在加那利群岛上一般是响岩,图 6.9)。浮岩

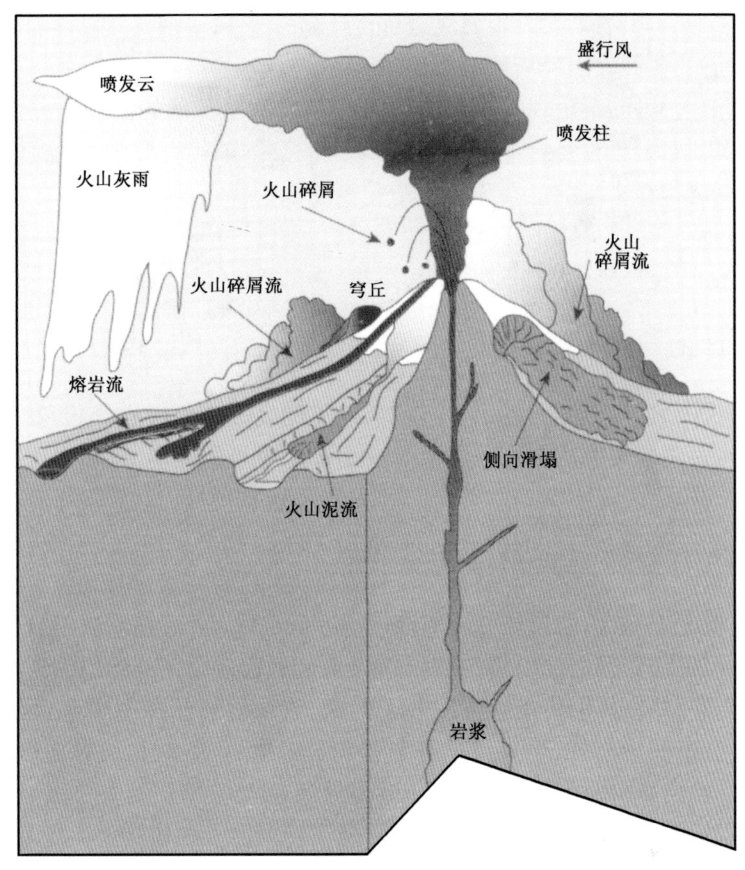

图 1.15　不同类型的火山喷发碎屑沉积的形成示意图

（或泡沫岩）非常轻，可以浮于水面之上。这也反映出发生分异后的岩浆中含有大量挥发分。

火山碎屑沉积的类型主要有三种：火山碎屑空落沉积，火山碎屑流沉积和火山碎屑泥流沉积。火山碎屑空落沉积是在喷发过程中，猛烈喷发出的熔岩碎块堆积形成的。这些碎块或经弹道轨迹喷出，或从喷发云中落下。空落沉积（也可用英语中的术语“fall”表示）的特点是给地面覆盖上一层厚度相同、颗粒大小也相同的碎屑。远离喷发点，空落沉积逐渐减少。当遇到普林尼式喷发或瀑布式碎屑沉积，将会覆盖大片区域，其沉积物为从喷发云中落下的一层厚厚浮岩。与此不同的是，若是博利斯通型喷发，爆炸产生的较小能量将使火山碎屑沿较短的弹道轨迹飞行，并在落地后堆成一个个小锥体。

火山碎屑流是带有大量火山碎屑的高温气体混合物（灼热的云状物），其密度很大，因此紧贴地面移动。此外，即使火山碎屑流的速度在很大程度上取决于坡度，但碎屑被包裹在气体中，碎屑之间以及碎屑与地面之间几乎没有摩擦，因此碎屑流的流动能达到很快的速度。在普林尼式喷发（图 1.2）中，当喷发柱过于沉重以致大气压无法支撑时，喷发柱会发生崩塌，从而出现火山碎屑流这一危险的现象。熔岩穹丘的侧面发生爆炸而破裂时，也会产生火山碎屑流，其沉积物的特点是既没有层理，又没有任何内部构造。大小不一的火山岩石碎块（fragmentos líticos）和熔岩碎屑在沉积物中共存并且一起在火山灰形成的大团烟云里飘浮，有时高温的火山碎屑流在移动过程中会相互结合：由于浮岩的重量小，浮岩形成的浆源熔岩碎屑会飘散开来

(图5.10),因此这种沉积物叫火山碎屑流(igninbrita),"火山碎屑流"这一术语还常用于表示含有大量浮岩碎屑的各种火山碎屑流沉积。

在很高的火山上,可能会出现喷发出的物质落在被冰雪覆盖的山顶上并使冰雪瞬间溶化的现象。接着岩浆与泥土的混合物将顺着山坡上的冲沟流冲下来,形成了火山泥流(图1.15)。火山泥流沉积在大量的沙石和泥土中包裹了火山山坡上的巨大石块。

八、爆炸式火山机构

在一次喷发火山岩浆遇水后,含水岩浆的活动将彻底改变火山的形状和结构,由水蒸气引发的强烈爆炸,使岩浆分裂成比火山渣锥上的火山碎屑更小的碎屑,从而形成了由火山灰或火山灰与火山砾一起构成的火山锥。这类火山的主要特点是低矮,这正是由于爆炸产生的巨大力量使喷发物无法在喷发点附近堆积造成的,火山灰环和低平火山就是因这种喷发而形成的(图1.16)。

然而在通常情况下,火山的爆炸并不取决于含水量的大小,而是取决于岩浆中挥发分的含量。火山碎屑流沉积和其他爆炸喷发的沉积物都来自于岩浆成分分异后的岩浆房。分异后的岩浆黏度高、温度低,并在其中聚集了挥发分。但是,岩浆房仍从深层岩浆供给源处不断获得新的原始岩浆(温度比分异后的岩浆高很多的玄武岩岩浆)。有时这两种温度、黏度均不同的岩浆混合后,会在岩浆房中发生剧烈变化,并最终导致超大爆炸式喷发。然而,在大多数情况下,混合后的岩浆将会以喷溢式喷发溢出。这样规模巨大的火山机构产生了,火山碎屑沉积与熔岩流交替堆积,形成了体积巨大的火山(图6.18),即我们所说的层火山(图1.1)。

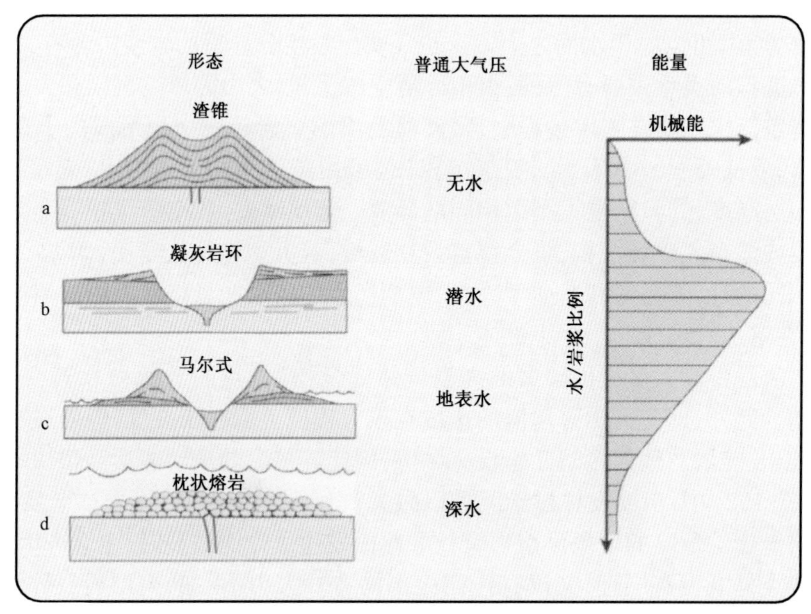

图1.16 蒸汽爆发火山,岩浆与水的关系,以及各种火山形成时所释放的能量

当发生大的喷发,不论是夏威夷式还是普林尼奥式,岩浆房会因岩浆的喷出而空出一部分。那么,火山的中心就可能会向下塌陷(图 1.17),一般来说,凹陷的部分是圆形的,叫做破火山口。但是这些巨大的火山还会遇到另一种不稳定的情况:在火山的某个侧面,由于火山物质堆积过多而使得山坡不稳固并发生毁灭性坍塌,这一情况直到最近才被认可。发生这种"侧向塌陷"的原因很多。第一,物质堆积层以平移的方式移向侧面的山坡,从而引发大滑坡;而另一个原因也同样重要:由于多孔的火山碎屑吸收了大量水分,这些水分原本滞留在不透水的熔岩流中,由于水可以减少摩擦,从而增加了火山碎屑的不稳定性。总之,大的层火山与其他火山不同,它更像是一个巨大的沙堆。

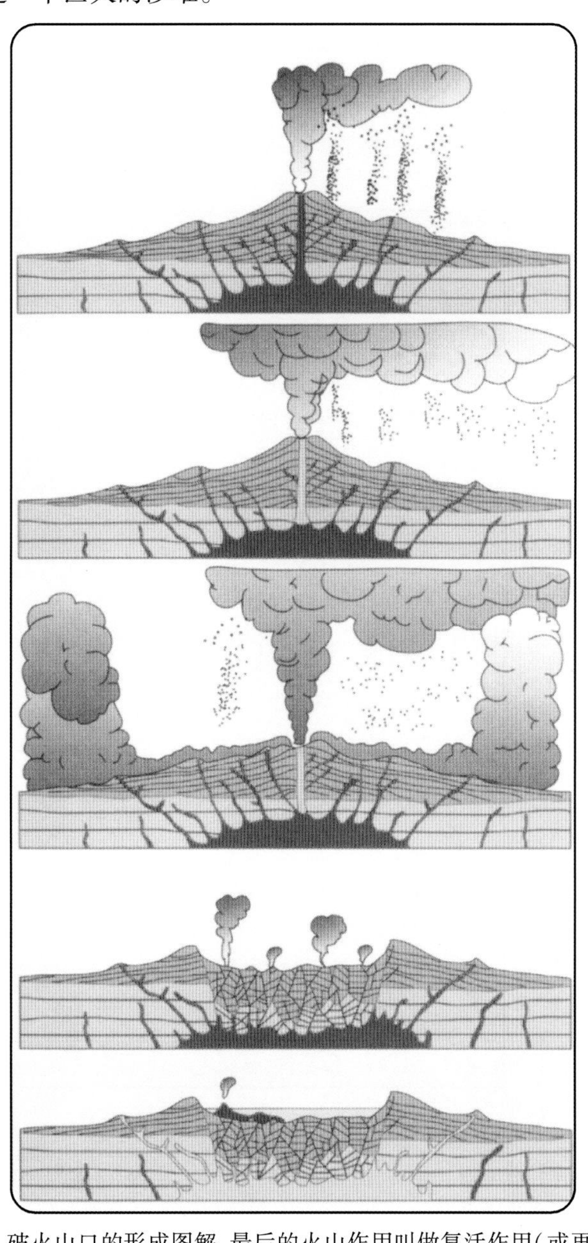

图 1.17　破火山口的形成图解,最后的火山作用叫做复活作用(或再生作用)

如果塌陷发生在岩浆房饱满时，岩浆房中的急剧减压将导致山体侧面发生大爆炸（图1.18）。一般情况下，侧向塌陷会留下一个半圆形的塌陷疤痕（图6.4b）。正如图6.6所示，侧向塌陷的沉积是在崩塌产生的碎屑之上，由体积巨大的角砾岩构成。目前，研究火山危险性的科学家怀疑向人们展示的这个地球内部窗口，最危险之处在其喷发过程，或者是一些火山处于其他稳定火山的侧面而变得不稳定的情况。加那利的火山为我们提供了关于这种情况的一些精彩实例。

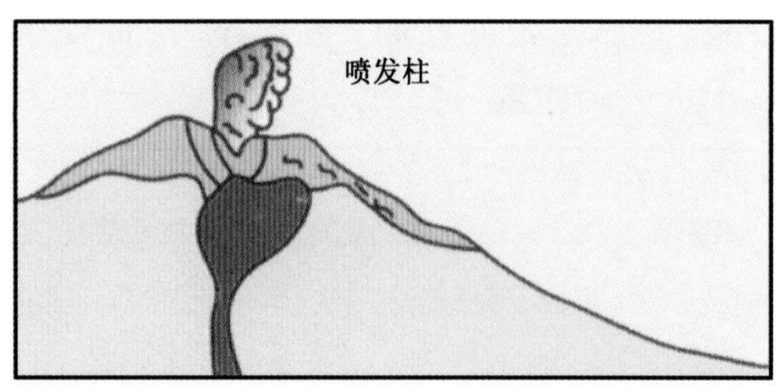

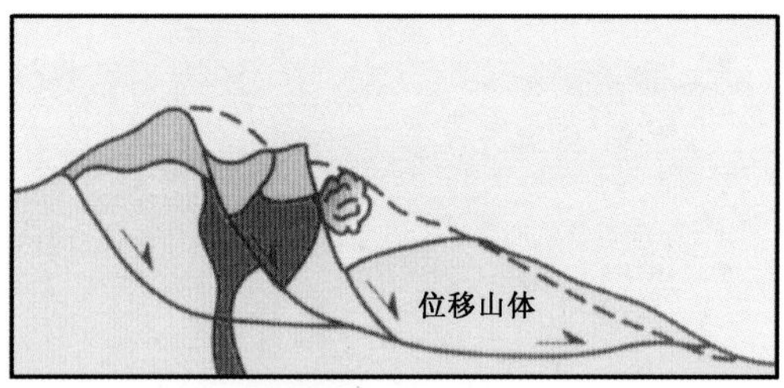

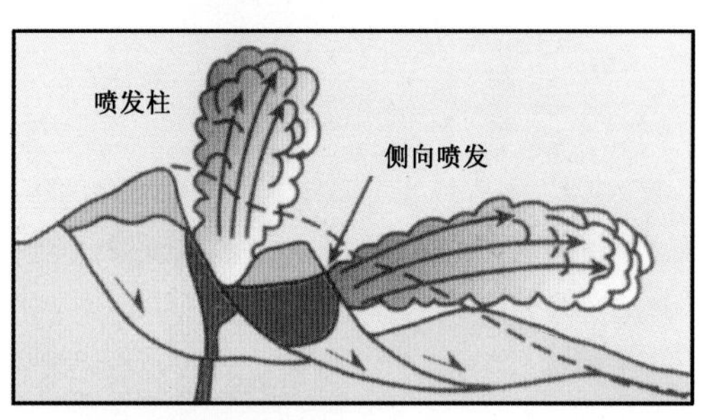

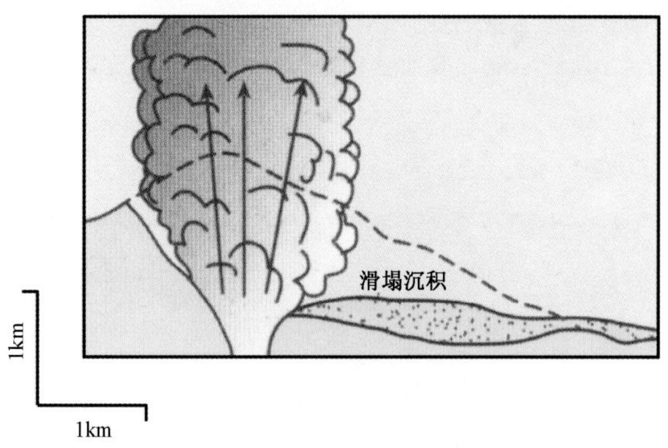

图1.18　喷发过程中，向山坡方向的侧向喷发引起山体侧面滑坡，在特内里费岛滑坡沉积和爆炸沉积都曾经多次发生

第二章　加那利群岛:火山博物馆

加那利群岛的历史大概可以追溯到7000万年前,至今还在不断演化发展,它拥有多种多样的岩石类型和火山喷发类型。因此,加那利群岛是世界上最重要的火山地区之一。

拥有源于3000米到4000米深的海底、高达8000多米的火山,加那利群岛是世界上最具有科学研究价值的火山群岛之一。19世纪,这些群岛成为现代火山学诞生的重要区域之一。如今,它们仍然具有如此重要性的原因有两点:得天独厚的地理位置——在一个巨大的山系对面(阿特拉斯山脉是它几何学上的沿长部分);岛屿有着悠久的历史——其上的火山活动大约要追溯到7000万年前。群岛上岩石种类的多样化也源于这些独有的特点。这些群岛构成了一个名副其实的岩石博物馆。而其他火山地区,如夏威夷群岛,其地质学特点很单调,所以岩石类型千篇一律。本章将描述加那利群岛的形态,主要的岩石类型,所记载的火山喷发类型以及喷发频率,最后,将介绍它的构造,如岩层的褶皱和断层。一般来说,它的构造并不受重视,但对于群岛的起源来说它却是很重要的。

一、大西洋上的七岛风光

可以如此描述火山地区的面貌:它是一系列火山以及火山喷发物的集合体,经过风化剥蚀雕琢而成。因此,我们可以将其分为两类来分别讲述,一是经过侵蚀后的突起部分火山和火山喷发物,二是经过风化剥蚀被破坏的部分。首先从经过侵蚀后的突起部分讲起,也就是火山和熔岩覆盖的区域。虽然加那利群岛上有一些盾火山,但更多且更知名的是层火山。由于大部分的火山渣锥都不高,它们大多没有被正式命名。但是,那些穹丘(当地人将突起或针状物称为矿脉 roques)却是岛上风光中的亮点(图2.1)。被新生成的熔岩流所覆盖的区域包括渣块熔岩或火山集块岩(两者在加那利群岛都被称为熔岩区)和结壳熔岩或渣状熔岩(图2.2中a,b,c)。厚的熔岩流可能会形成中空的熔岩管道(图3.17)。在很多岛屿上都有枕状熔岩和深海沉积物。这说明这些"海里的山"不仅仅是火山的喷发物堆积而成的,而且它们升高了。我们应该把它们当成独立的个体研究,因为对于不同的岛屿,其古老的深海喷发物的标高也不一样:数据显示,富埃特文图拉岛有4000米高,拉帕尔玛岛仅次于它,有2000米高;大加那利岛为400米。目前还没有其他几个岛屿的确切数据,但是很明显,它们都在海平面之上。这是解释有关该群岛起源假说的论据。

加那利群岛上的岩石并不都是火山岩,还有深成岩(图2.3),围岩(rocas filonianas)或岩墙群(enjambres de deques)(代表了岩浆离开地表的通道,图2.4)和沉积岩(图2.5)。火山岩中三种典型的结构是熔岩、火山碎屑岩和火山碎屑熔岩。除了蒸汽火山作用外,还有普林尼奥式火山喷发(火山碎屑流),夏威夷型火山喷发(大量水平流动的熔岩流是盾火山的组成物质)和斯通博利型火山喷发的记录。

图 2.1　戈梅拉岛上的穹丘 Agando(图左侧),La Zarcita 和 Ojila(图右侧)。Ojila 由粗面岩构成,La Zarcita 由响岩组成,Agando 由粗面岩和响岩共同组成(详细情况请参考第七章)

图 2.2　(a)结壳熔岩的结构,熔岩结块和脊索状熔岩(兰萨罗特岛);(b)渣块溶岩(特内里费岛);(c)火山集块熔岩。图中的渣块熔岩和火山集块熔岩是泰德火山喷出的黑曜岩

图 2.3　富埃特文图拉岛基岩中的深成岩(辉长岩)

图 2.4　玄武质岩墙(灰色)侵入蚀变的深海岩石(白色)。Taburiente 的冲沟(拉帕尔玛)

图 2.5　图中被切割岩石是深海浊流沉积物(富埃特文图拉岛)

图 2.6　“上帝之指”:在大加那利岛西北部陡峭的海岸上,经过海浪侵蚀而孤独耸立的玄武岩熔岩单石山

说到经过风化剥蚀被破坏的部分,那些悬崖峭壁(图 2.6)是岛上最引人注目受到侵蚀的地貌之一,是水平的熔岩流,在海浪的不断拍打下慢慢形成。这些陡峭的海岸经常呈现向内凹陷形。最近证实,大多数的凹陷都是海底大崩塌发生的导火索。在退潮时,我们站在悬崖峭壁的脚下欣赏到浪蚀的大陆棚(图 2.7),这是悬崖受到侵蚀向后退留下的近乎平坦的地表。当岛屿上升时,浪蚀的大陆棚就变成了海中的台地(图 2.8)。与此相反,岛屿下沉时,海水带来

沉积物并在较低的海岸堆积,我们将会欣赏到大片的沙丘(图4.3)。

图2.7　特内里费岛北部 Anaga 半岛上的浪蚀大陆棚

图2.8　大加那利岛北部海岸的大陆台地

加那利群岛处于信风经过的地方,当信风带着大量潮湿的空气经过这些岛屿上最高的山峰时,就形成了很有特色的"云海"(图2.9)。这样的天气带来的直接结果就是侵蚀。不断的侵蚀形成了很深的V形的冲沟(图2.10)。

只有在比现在更潮湿的气候中,才能形成深V形冲沟。在加那利群岛中的拉帕尔玛岛和特内里费岛上,有巨大的呈阶梯状下降低地,这样的低地是很陡的斜坡在毁灭性的侵蚀过程中形成的,其中最引人注目的低地是特内里费岛(图6.4)上的 Circo de Las Cañadas(低地名称)。最初,人们认为它是一个破火山,但是,如今,大多数科学家将它定为一场大型崩塌产生的结果。与此相反,拉帕尔玛岛上著名的 Taburunte 破火山口(大约在1825年,德国的博物学家雷奥帕特·冯·布赫 Leopold Von Buch,第一次使用"破火山口"这一名词)受到的侵蚀却从未遭受质疑,而它实际上却是一个巨大的冲沟。

图2.9　信风中水分冷凝:大加那利岛上的云海,隐约可见特内里费岛

图2.10　拉帕尔玛岛上 San Andres 和 los Sauces 地区的峡谷。在图8.2中可以看到,它可能是断层受到侵蚀形成

从地球化学的角度来看,加那利群岛是一个碱性岩浆地带。这说明其岩石(大多数是玄武岩岩浆,图 2.11)中含有大量的碱性物质:钠和钾。这些岩浆在很深的地方——大约 70 千米深处,产生于地幔的小部分熔融(熔融部分在 7% ~15% 之间)。岩浆产生的浓度和发生部分熔融的比例对于解释加那利群岛上岩石的多样性起着至关重要的作用。从产生到抵达地表的过程中,岩浆会发生许多次分异演化,因此,只有少量的产生于深处的岩浆能够到达地表。就这样,不断产生的新岩浆(以及岩石)与原始的玄武岩浆成分有很大差别。在分异后形成的岩石中有粗面岩和响岩(图 2.12)。它们在一些岛屿(大加那利岛,戈梅拉岛,拉帕尔玛岛和特内里费岛)上组成了如图 2.1 所示的穹丘,然而不管怎样,玄武岩都是该群岛上蕴含量最丰富的岩石。

加那利群岛上的碱性岩浆以及其产生时发生部分熔融的较低比率说明了岛屿下方受热异常的现象非常弱,同时也分出了该群岛在历史上喷发的间隔。自 1341 年到现在(表 2.1,图 2.13),有记载的 18 次喷发如果平均分布,那么它们的喷发周期是 37 年,这一周期远远小于至少每年或每两年喷发一次的夏威夷火山的周期。在加那利群岛上不同的岛屿间,火山的喷发周期也是很不相同。比如,特内里费岛上的喷发间隔(平均 80 年喷发一次),不同于兰萨罗特岛上的喷发间隔(135 年)。再比如太平洋上夏威夷群岛中的夏威夷岛每年喷发一次,而其他一些火山则没有火山活动,更谈不上喷发间隔了。

(a)

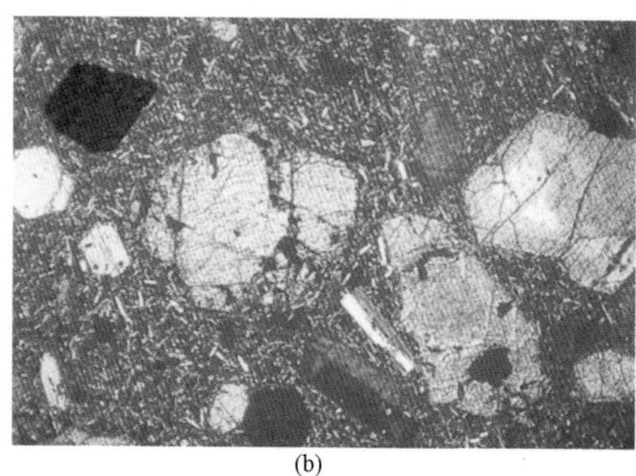
(b)

图 2.11　玄武岩:(a)熔岩(左边)和火山渣样品;(b)显微镜下观察:颗粒大的矿物在岩浆房中结晶形成,而细粒的(基质)则在地表结晶形成

表 2.1　加那利群岛历史上的火山活动(据 Alfredo Hernández - Pacheco,康普鲁腾大学)

年　代	岛　屿	名　称
1341	特内里费岛	位置未定
1393—1394	特内里费岛	位置未定
1430	特内里费岛	Taoro 喷发(La Orotava 峡谷)
在 1470 和 1492 年间	拉帕尔玛岛	Tacande 或 Montaña Quemada 火山
1492	特内里费岛	可能是:Ladera SW de Pico Viejo
1585	拉帕尔玛岛	Tahuya 喷发(Roques de Jedey 穹丘)
1646	拉帕尔玛岛	Tigalate 或 Martín 火山
1677—1678	拉帕尔玛岛	S. Antonio 火山,也可能是 La Calderete 火山

续表

年　代	岛　屿	名　称
1704—1705	特内里费岛	Siete Fuentes、Fasnia 和 Guimar 火山
1706	特内里费岛	Garachico 火山
1712	拉帕尔玛岛	El Charco 喷发（Montaña Lajiones 山）
1730—1736	兰萨罗特岛	Timanfaya 喷发
1793	耶罗岛	Lomo Negro 火山（El Golfo 的 NW）
1798	特内里费岛	Pico Viejo 或 Chahorra 火山（泰德火山的鼻翼）
1824	兰萨罗特岛	Tao、Nuevo del Fuego 和 Tinguatón 火山
1909	特内里费岛	Chinyero 火山
1949	拉帕尔玛岛	Hoyo Negro、Durazanero 和 Llano del Banco 火山
1971	拉帕尔玛岛	Teneguía 火山

(a)

(b)

图 2.12　(a)拉帕尔玛岛上被玄武岩岩浆（黑色）包裹的响岩（亮色）；(b)小块样品：许多响岩是多细孔状的（其中充满气泡，左边）。浮岩中的气泡更加多，其中的气泡随流动被拉长，就像凝固了的泡沫

现在，我们再来看一下岛上的地壳结构。19 世纪和 20 世纪上半叶，大多数研究加那利群岛的地质学家来自对地壳素有研究的中欧地区。毫无疑问，这些地质学家让许多人认为群岛上的断层比实际存在的断层多。20 世纪八九十年代，大多数岩石学家（研究岩石专家）忽略或有意放弃研究加那利群岛的板块构造，这使得人们所认为该岛上的地壳结构比以前更加夸张了。一个简单的观察就足以证明加那利群岛地壳结构的重要性：图 2.4 所示的如此紧密的岩墙，如果从中发生岩浆喷射，那么在喷射之前岩墙中一定有大规模的断面。因为岩墙正是由从断面中喷射出的岩浆构成的。但是，岩墙的密度相当高（在不少地区，岩墙构成了其岩石的 90%）。这样的岩墙可能产生于那些能够源源不断地产生平行开口断面的地区。当地壳遇到

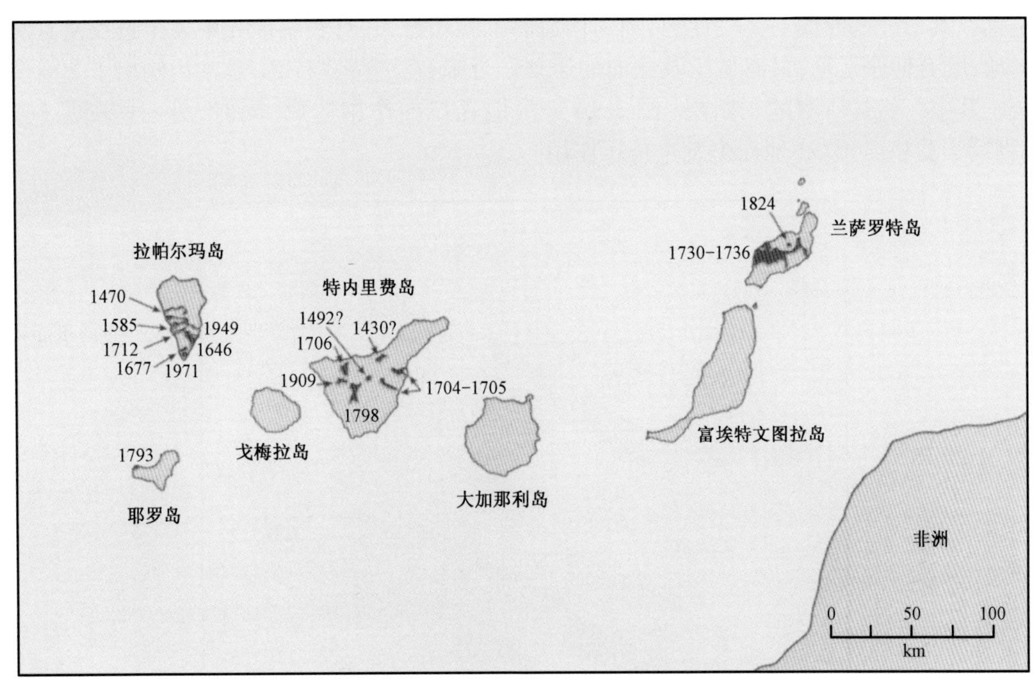

图 2.13　加那利群岛历史上的火山活动:火山喷发中心的名称在表 2.1 中(据 Hernández - Pacheco)

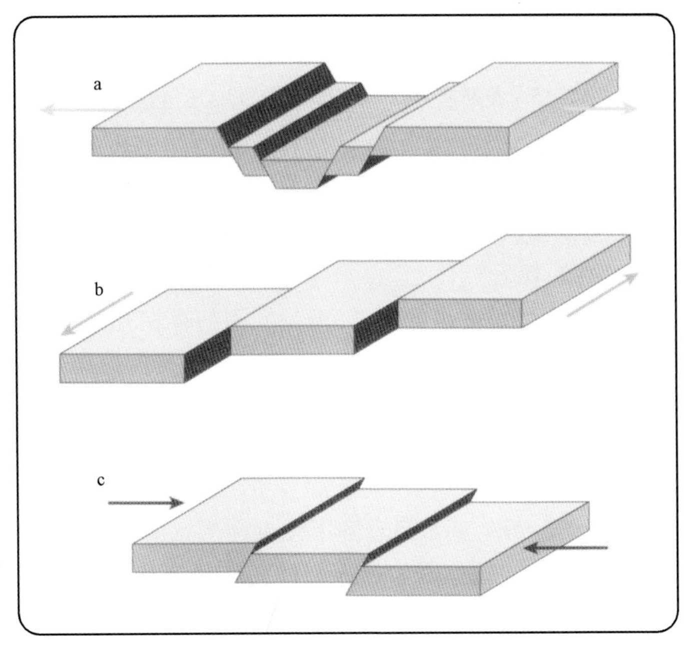

图 2.14　断层。(a)正断层;(b)平移断层;(c)逆断层

强大的力量并被拉伸时,就会不断地产生平行的开口断面。换句话说,加那利群岛正处于地壳运动频繁的地区。

另一方面,系统应用该地区的航空照片以及卫星图像,已经确定了大规模断面(图 5.16)

的位置。其中一些断面与20世纪对地壳构造的推测相符,并且表明地壳中发生过反复且复杂的运动,既有伸张运动,又有挤压及侧向的运动。近来,在兰萨罗特岛,总共识别出了200多个断层。其中一些是所谓的正断层(图2.14),由地壳拉伸作用造成,同时,另一些断层(逆断层)则属于受挤压形成(地壳中发生挤压作用)。

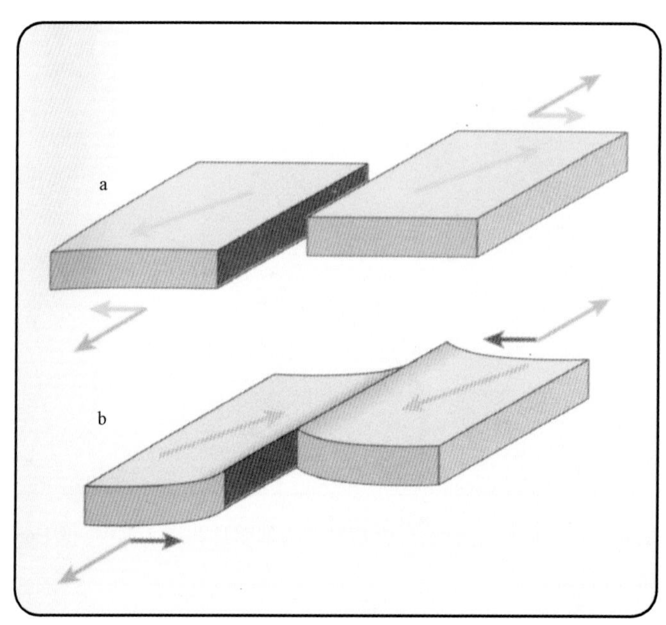

图2.15 复断层。(a)张扭性断层;(b)压扭性断层

在第三种断层(平移断层,图2.14b和图2.15)中,断层两边的地层沿断层做水平方向的相对运动。除此以外,在富埃特文图拉岛上还有一种叫塑性剪切带的断层结构。这是一种非常重要的断层,可以造成周围地区发生大面积的塑性变形(图4.19)。断面在岛屿和岛屿之间的海底也是非常常见的(图2.16)。

尽管在加那利群岛上有一些很突出的例子,但是皱褶的存在几乎没有受到关注。如在富埃特文图拉岛,海底沉积形成了侧向扭曲褶皱(图4.22)。在戈梅拉岛上,侵蚀作用让古老的基底露出来,可以看到已形成褶皱或因逆向断层(图7.13)被切断的基底。这说明地壳受到了强烈的挤压。海底地球物理的研究既可以检测到加那利群岛上的褶皱,还可以检测到断层以及两者间的差别。

我们正面对着活跃的地壳变形,还是只看到了发生在遥远的过去的地壳运动的遗迹?无疑,地震数据会为我们解决这一问题。因为加那利群岛就是现代地震活动活生生的舞台(图2.17,图2.28)。

经过仔细研究近期发生的地震活动,表明海底既有逆断层,又有平移断层。

关于加那利群岛的外形,最后一点就是在群岛周围没有海底高地,其他许多火山群岛周围都有海底高地,如Cabo Verde群岛(绿角或贝尔德岬角)和夏威夷群岛。许多群岛位于一种从海底升起、大约2000米高的穹隆形台地上。然而,加那利群岛则是从平坦的海底升起的。当我们思考加那利群岛起源时,这是一个重要的论据。

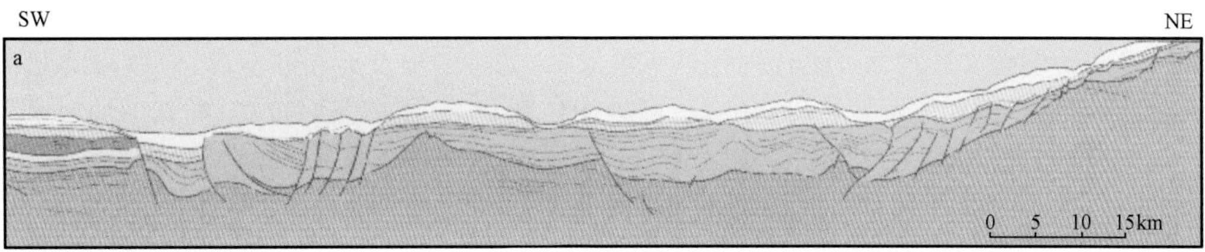

NNW

SSE

b

0 5 10 15 km

图 2. 16　加那利群岛东北部洋底地震剖面图。在(a)中可以看到发生褶皱和断裂的岩石

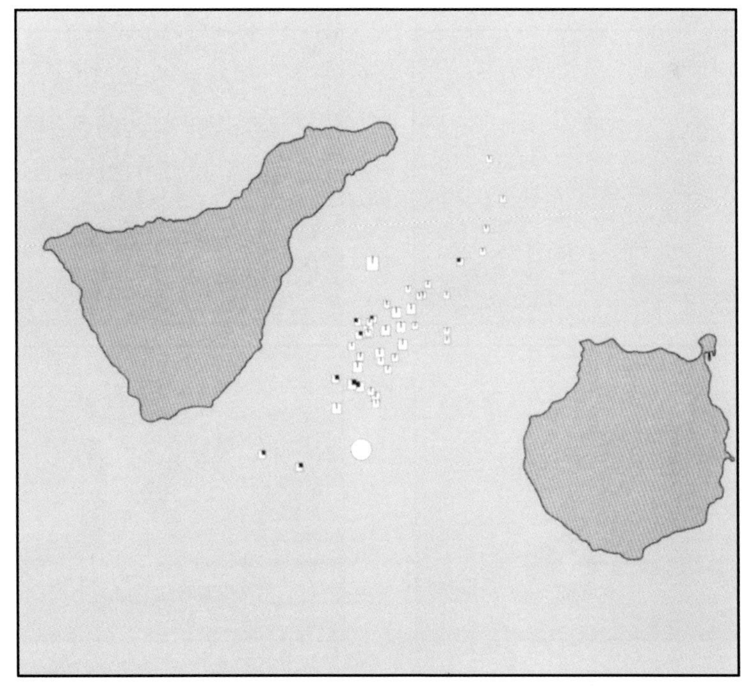

图 2. 17　加那利群岛目前的地震带:1989 年地震的震源(中心)和波及的地区(圆圈)。此次地震中产生了压扭性断层

二、岛屿的出现

观察加那利群岛的地质图(图2.24),我们会在不同的岛屿间发现许多明显的不同之处,甚至是轮廓上的不同:有些岛屿是圆形的,比如戈梅拉岛和大加那利岛;有些是长形的,比如兰萨罗特岛和富埃特文图拉岛 ;还有一些是三角形的,如特内里费岛和耶罗岛;有些岛屿是活跃的,比如拉帕尔玛岛和兰萨罗特岛;还有一些处于休眠状态,比如戈梅拉岛;在其中的三个岛屿(富埃特文图拉岛,拉帕尔玛岛和戈梅拉岛)上,有一些其他岛上所没有的深层岩石。那么,在这些不同中我们可以找到一些什么共同之处呢?

我们来想象其中任何一个岛屿的形成过程(图2.18):数百万年前,在几千米深的海底,出现了裂缝。岩浆从裂缝中不断涌出,堆积直到形成一个巨大的火山。这些岩浆中混有来自非洲大陆的沉积物。它们是由被海洋学者称作浊流的高密度洋流带来的。当还处于胚胎阶段的小岛上升直至接近海平面时,岩浆中挥发分产生的压力超过了海水的压力,挥发分从岩浆中溢出。此时,海中的火山活动演化到了戈梅拉岛和拉帕尔玛岛的基底受到侵蚀阶段,其顶部消失了,这说明火山岛形成后的很长一段时间里,没有发生火山活动;在戈梅拉岛和拉帕尔玛岛上各100万年无火山活动(戈梅拉岛:1300万年到1200万年间;拉帕尔玛岛:300万年到200万年间)。与此相反,在富埃特文图拉岛上的一些地方可以看到在基底的顶部和第一批喷入空气的火山碎屑沉积间是连续的,这说明在这期间火山活动没有停歇过。

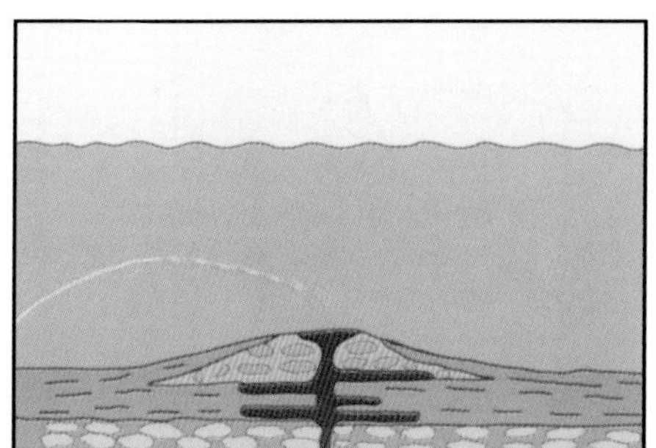

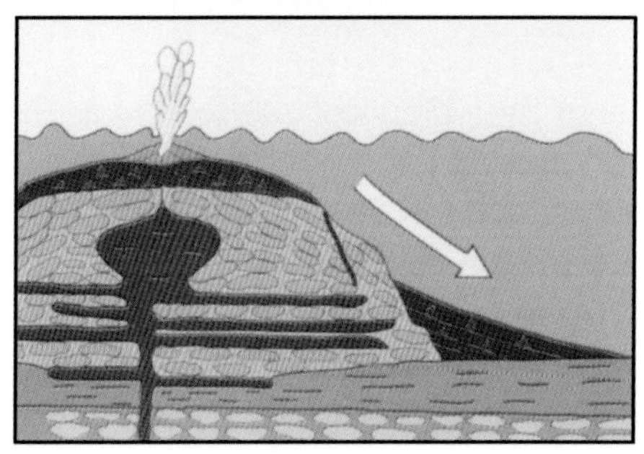

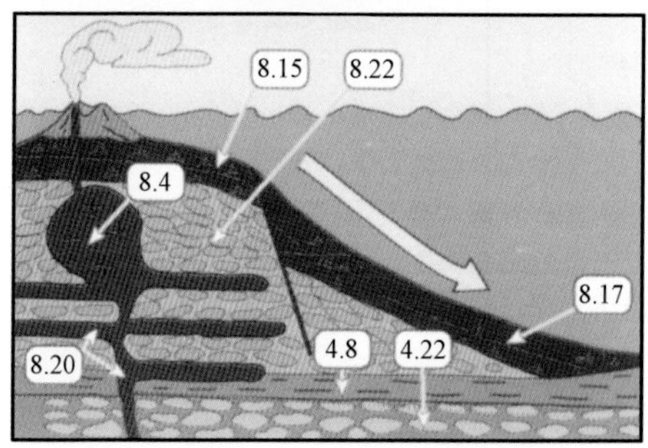

图2.18　海洋中的火山岛在海底形成过程中演化步骤图解:椭圆形表示枕状熔岩;叉号表示岩浆房;水平条纹表示大洋底部沉积;箭头表示海中的滑坡方向;数字表示代表不同部分的图号(据Satudigel和Schmincke)

在这一可能发生的间歇期之后,岛屿开始了第二个发展阶段:在海底组合之上构建地盾上的火山,这一阶段仅在那些基底杂岩外露,也就是那些唯一可以看到地盾基底的岛屿上有详细的时间记载:东部岛屿和中部岛屿发生在 2000 万年至 1500 万年之间;拉巴马岛(La Palma),有可能还有铁岛(Hierro)仅发生在 2000 万年之前。就是这一阶段,火山"选择"了它的形状:有些情况下,会产生巨大的裂缝(这一裂缝的名称为构造中轴线,在特内里费岛的章节中有具体描述),沿着这些裂缝,盾火山连接成一条线;在另一些情况下,没有任何确定的规律,且其大致的轮廓是圆形的,就像大加那利岛。我们仍然不知道为什么在一些岛屿上构造中轴线是规则的,而在其相邻的岛上又是毫无规律的。可以肯定的是,盾火山达到了几千米的高度,这一高度使其自身不稳定:山体侧面经常发生毁灭性的滑塌,并形成了外围山以及最开始所描述的凹陷。盾火山的形成过程,包括其部分坍塌,在戈梅拉岛和耶罗岛上持续了 100 万年,在富埃特文图拉岛上持续了 900 万年。保持持久的岩浆房是发生分异的理想之地。这一点解释了一些十分古老的岛屿(盾火山的形成期很长的岛屿)上,盾火山的形成阶段是以一次岩浆的喷发而结束这一现象的成因。喷出的岩浆几乎发生了完全分异,比如大加那利岛(图 5.11)上的 Tejede(火山名)破火山在一次爆炸式喷发中喷出的响岩。

岛屿形成的第三阶段,即最后一个阶段,与第二阶段之间有一个很长的平静期。兰萨罗特岛上的平静期为 200 万年(1200 万年到 1000 万年间),大加那利岛上为 500 万年(1000 万年到 500 万年间),富埃特文图拉岛上为 700 万年(1200 万年到 500 万年间)。戈梅拉岛在最近的 300 万年没有活动。它的平静大概可以归因于该岛正处于盾火山形成后的平静期。在其他岛上,最后的形成阶段以小的盾火山形成并覆盖、受到侵蚀后的盾火山残余物为标志。但是也会有例外,比如说特内里费岛,在板状的盾火山残余物上形成了许多巨大的层火山,泰德火山就是最近形成的一个,在大加那利岛上也形成了一个巨大的层火山(Roque Nuble),但后来因其自身的喷发被毁了。说到这些喷发,一些数据显示这些连续的火山活动每次只喷出少量的岩浆。图 2.19 展示了一个典型的火山结构的简化图,同时图 2.20 告诉我们,尽管七个岛屿的历史是并行的,但是仍有长短之分。

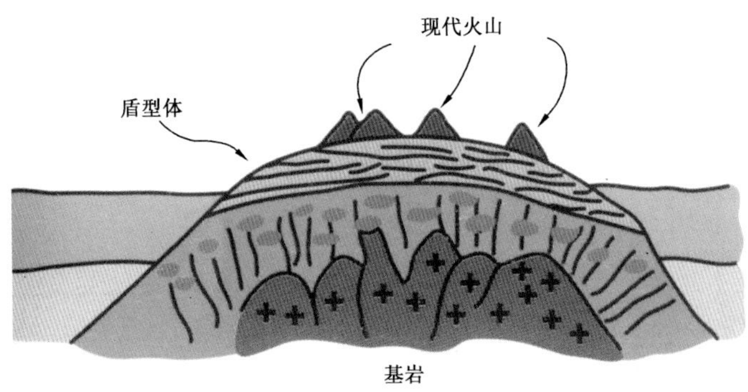

图 2.19　一个岛屿的理想化剖面图,展示了三个典型的部分:基底,盾状物和形成的火山

具体来说兰萨罗特岛和富埃特文图拉岛的岛龄最长,中部的岛屿大加那利岛、特内里费岛和戈梅拉岛龄较短,而拉帕尔玛岛和耶罗岛龄最短。图 2.21 是群岛中各岛屿的简化图。

最初的岛屿出现时,加那利地区是什么样呢?大西洋中部在大约 1.75 亿年前形成,起初

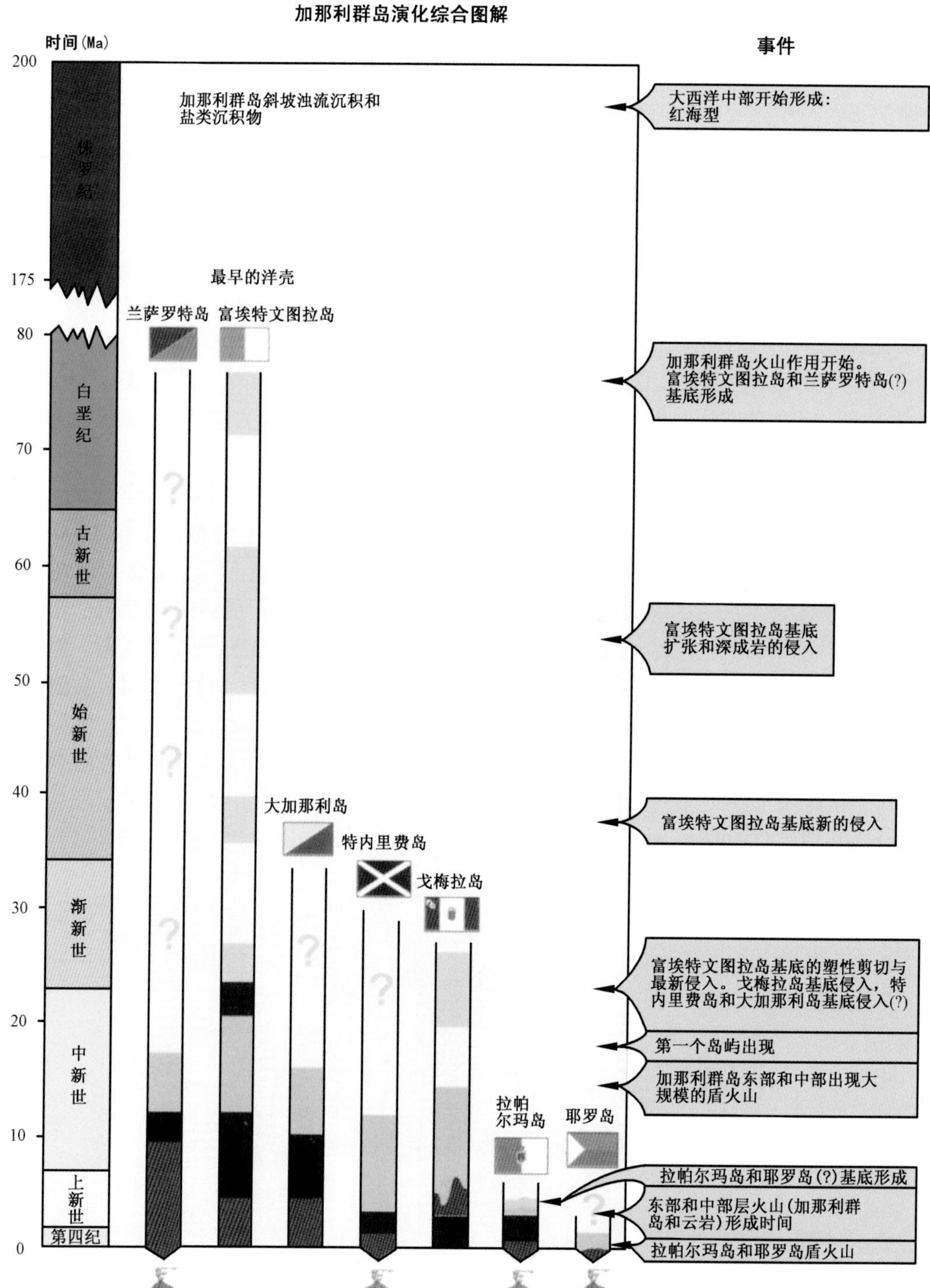

图 2.20　加那利群岛的历史。东部的岛屿岛龄大，西部的岛屿岛龄小。说明火山活动以某种方式由东向西传播

经历了被称为是“红海”型阶段(图 2.22)。在岛屿附近,如石油一般具有诱惑力的盐就是在那个时期沉积于海底的。我们可以看到,岛屿形成的每一个阶段都是从群岛的东部开始,似乎之后再传播到西部,尽管传播的速度是毫无规则的:富埃特文图拉岛基底的形成(大约 7000 万年前)比戈梅拉岛的早(大约 2000 万年前);而戈梅拉岛又比拉帕尔玛岛的早(大约 1000 万年)。与此同时东部的岛屿上盾火山是最早形成的,之后是中部的岛屿,最后是拉帕尔玛岛和耶罗岛。盾火山形成后,兰萨罗特岛上的火山活动起始于大约 1000 万年前,富埃特文图拉岛和大加那利岛上的火山活动起始于大约 500 万年前,特内里费岛起始于 300 万年前,而那时耶罗岛上的火山活动还没有开始。

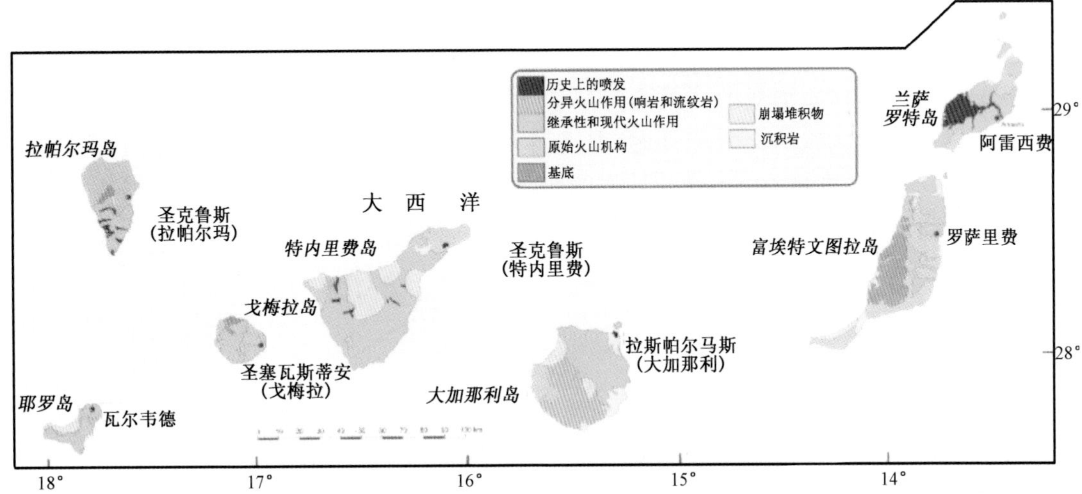

图 2.21　加那利群岛简化地质图,以西班牙地质地图为基础,比例尺 1:1000000(据 ITGE,1994)

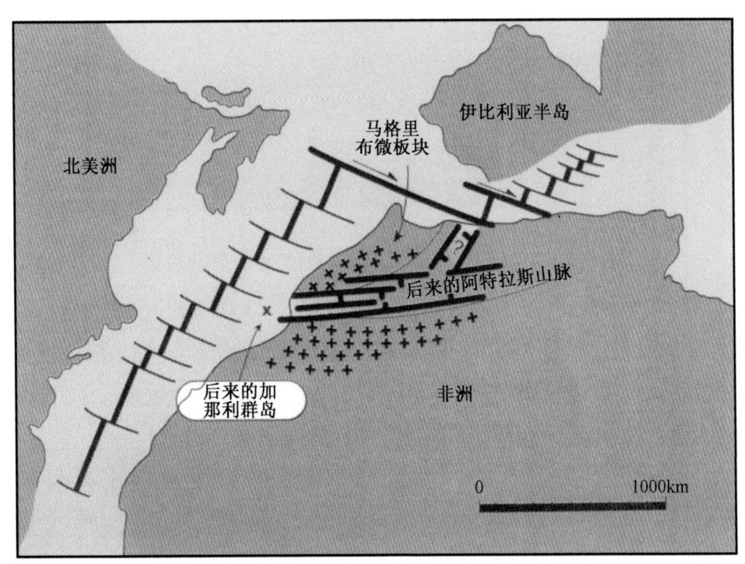

图 2.22　刚形成不久的大西洋中部:狭窄的臂形,就像现在的红海。之后在其中形成的一个凹陷带(不久就消失了),这个凹陷带后来变成了阿特拉斯山脉(据 Lee 和 Burgess,1978)

三、加那利群岛下方存在热点吗?

尽管加那利群岛在一些秘传的书籍中被描绘过,它却不是那个沉没的大陆亚特兰蒂斯(La Atlántida)的顶部(根据柏拉图引用的神话,一个典雅的文明随亚特兰蒂斯的沉没而消失了),群岛周围的海底是大洋地壳而不是大陆地壳。它们形成于1.55亿年前,那时仍旧是恐龙统治时代,离人类的出现还有几亿年。关于群岛起源的思想20世纪70年代出现于《地球科学》上,那时发现了陆地和海底在产生于地球内部、不断流动的热流推动下不断移动。最初的假说是在夏威夷群岛上验证成功的热点假说。根据这个假说,从地幔中上升的炽热物质形成的柱或高温热质热柱(Penacho Térmico),是该群岛上岩浆的来源。在热量异常区域的上方移动时,其上方产生了一系列异常活跃的岛屿(正好处于热源上)和一些不活跃的岛屿,这些岛屿的年龄由一端到另一端降低(图2.23)。从地球内部产生的热点分布在环绕群岛的海底高地上。

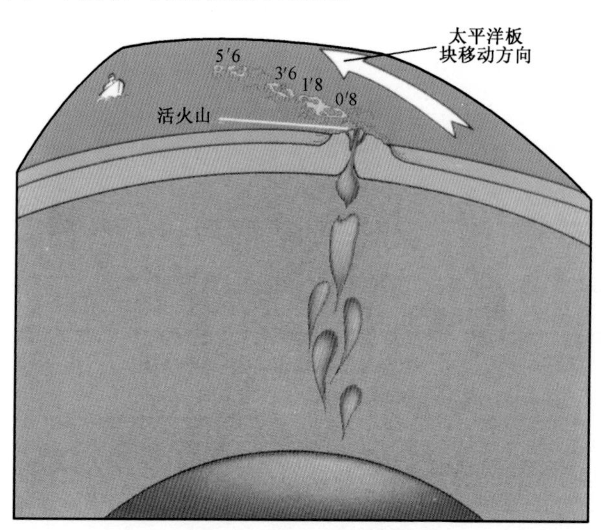

图2.23 在热点活动影响下,夏威夷群岛的起源。
表示火山活动年龄(Ma)的数字随着远离热量异常区而增大

由于加那利群岛各岛大致为线型排列,并且其岛龄基本上由东向西呈下降趋势(图2.24),那么热点的假说也适用于该群岛。但是相符之处也只是这些。加那利群岛近来火山活动并非局限于这条线的一端,而是遍布各岛。在最近100万年间,除了戈梅拉岛和富埃特文图拉岛,其余五个岛都曾发生火山喷发。同时,除了大加那利岛的四个岛上,都有历史上活动过的火山(图2.13)。哪个岛下方存在热点?在最西端20世纪最活跃的拉帕尔玛岛之下吗?或在最东端,18世纪时期发生过大喷发的兰萨罗特岛之下?或是在中部,从哥伦布时期到1909年发生过五次喷发的特内里费岛之下?还有,为什么这个群岛不像夏威夷群岛或其他群岛一样,它的周围并没有海底高地。在90年代这些疑问使那些支持热点假说的学者无法提出

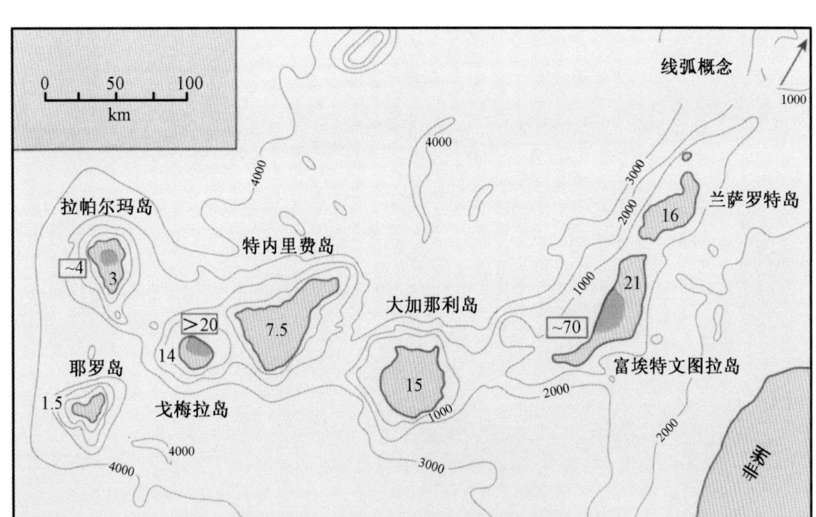

图 2.24　加那利群岛的岛龄:方块中表示出了各岛基底(绿色)的年龄(Ma),
未用方块括住的数字为第一次喷入大气中的火山活动时间

与热点相似的假说,其他学者则提出了岩浆中气泡(或间歇热点)的假说以及薄板状热量异常区域的假说。

第一假说是用来解释火山活动间断问题的:由于非洲板块的运动,热柱成为重要的倾斜火山通道(图 2.25)。热柱由熔点很高的炙热物质构成,在其形成阶段不能产生岩浆,只有大量气泡产生的情况下才可能生成岩浆。当下面气泡丰富时,岛屿会活跃,而当气泡枯竭时,火山活动就会停止,直到大量气泡再次出现。如此之宽的通道解释了整个群岛同时发生火山活动的原因。然而,这一假说中特殊的热点引发了一系列亟待解决的问题。首先,火山通道的倾向值得怀疑。因为与移动迅速的太平洋板块相比,非洲板块移动的非常缓慢,如果按照假设,岩浆应该最先到达加纳利群岛的最西边(图 2.25),但事实却与之相反,这些群岛是距今时间最短的岛屿。其次,这一假说依旧没有解释为什么没有海底隆起以及褶皱和断层的问题。而这种设想最大的局限性可能在于它强迫人们以加纳利群岛为例,建立一个全世界唯一的模式,这从科学的角度来看,是不够严谨的。

由于存在以上的问题,这一假说很快就被遗忘,取而代之的是关于热量板(lámina térmica)的假说。这一假说建立在地球物理的数据基础上。根据那些数据,我们得知,在加那利群岛下方有一个薄板状、平坦且没有根基(图 2.26)的热异常区,它是一个巨大热量区的一部分。这个结构的一部分在大西洋和非洲板块之下,甚至可以到达中欧。应该指出的是,这一假说与热点的假说相差甚远。因为在这个新的假说中,热的物质并非来自于很深的地方(在真正热点假说中,指几万米的深度),而是来自地下 400 千米或 500 千米的地方。第二点,由于在火山活动地带和非火山活动地带同时存在大范围的热量异常现象,这意味着应该还有其他导致火山活动的因素。最后,与岩浆气泡假说一样,这一假说也没有解释群岛周围为什么没有海底高地,也没有解释岛上大量的褶皱和断层产生的原因。

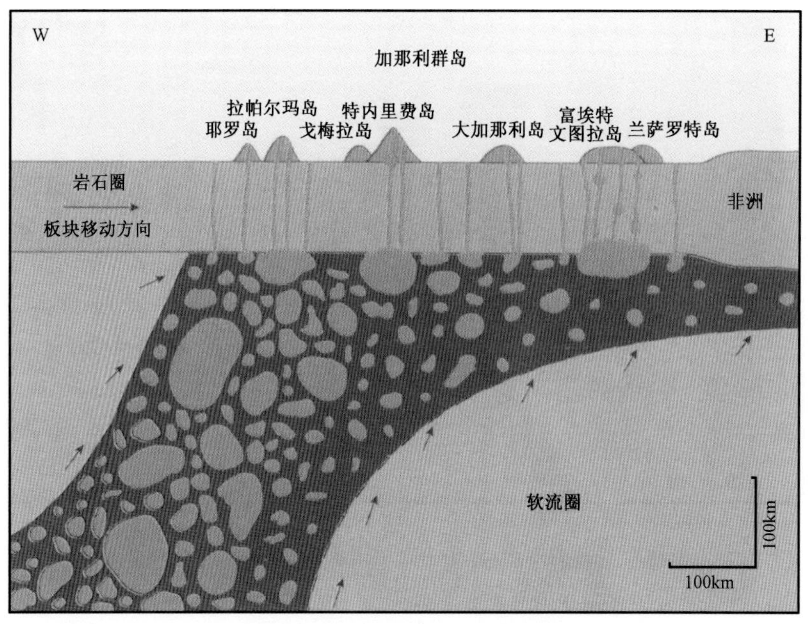

图 2.25　伴随着热点变化而提出的加那利群岛岩浆中的气泡假说(据 Hoernle 和 Schmincke,1993)

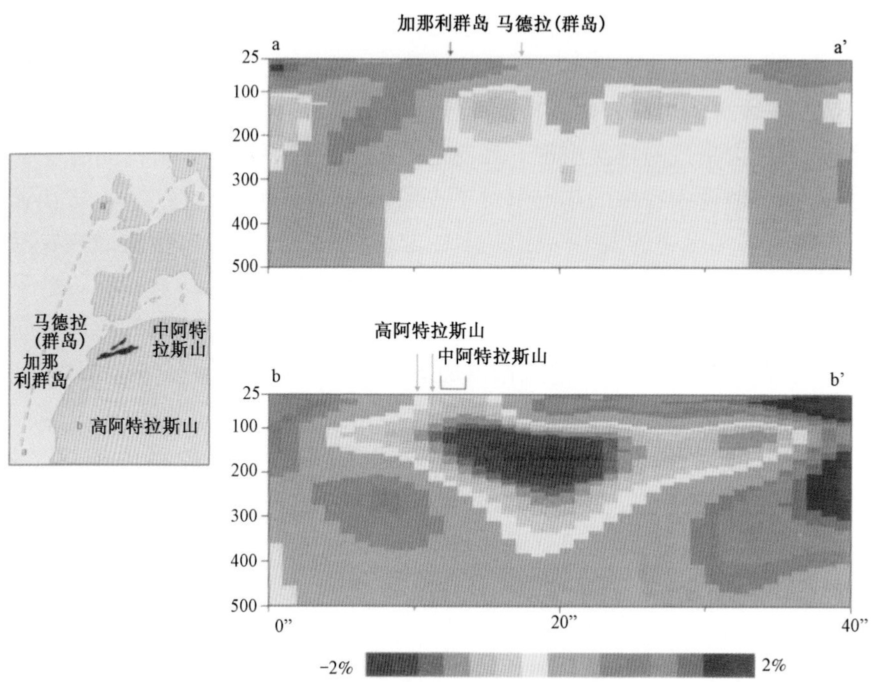

图 2.26　加那利群岛下方的地震层析成相资料:发现了"热量板"的存在,大部分"热量板"在阿特拉斯山脉(Altas)下方,色标表示地震波的传播速度,红色(低速)表示最热的物质(据 Hoernle 等,1995)

四、不存在的断层和获得认可的假说

以上那些假说的不足促进了其他假说的出现。新的假说试图将至今被忽略的资料以及邻近的非洲大陆的地质信息等均考虑在内。这也是将古老的、直觉上的想法——这些岛屿与非洲大陆存在某种关系——具体化。在最初试图解释岛屿升高问题的假说中,有一个认为是借助逆断层(图2.27)使岩体被抬升。但是,这个假说有一个严重的问题:逆断层是因受到挤压而形成的,挤压并不利于岩浆的形成和上升,而是阻碍它的形成和上升。20世纪70年代,出现了另一个假说:它是根据加那利群岛处于非洲大断裂的延长部分上提出的(1960年,阿特拉斯山脉的断层运动摧毁了一个叫 Agadir 的摩洛哥城市)。加那利的断裂从阿特拉斯山脉开始延伸(因此叫做"延伸的断裂"),或被挤压或张开,就像一条有两个拉锁的拉链,在马格里布的微型板块和非洲大陆其余部分的撞击中(图2.22)前进。既然这个断裂有利于岩浆活动,同时挤压并不参与岩浆活动,那么这个假说不仅解释了加那利群岛的火山活动,还解释了中断喷发的现象。但是,海洋学家并没有在加那利群岛和非洲大陆之间发现大断裂。

最新的关于加那利群岛起源的假说综合了以前假说的三个部分:岩体被抬升的想法;热量板的想法;延伸断裂的想法。

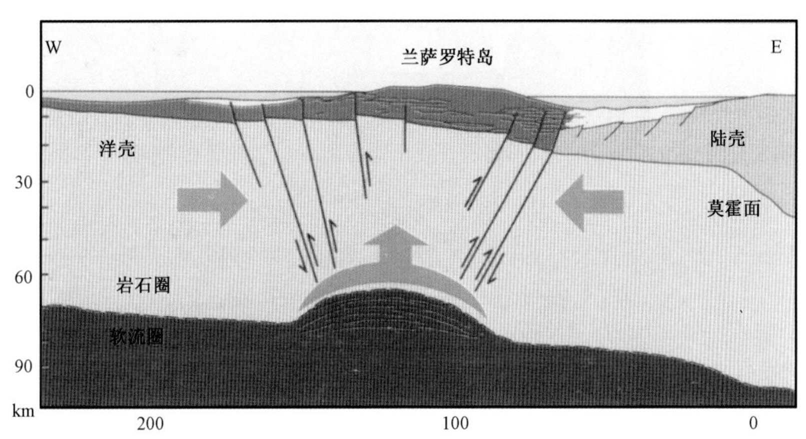

图2.27 解释加那利群岛起源的大块物质上升的假说(据 Araña 和 Ortriz,1986)

假设加那利群岛下方的高温地区是古老的,是在大西洋形成时期存在的高温物质热柱(penachos térmicos)的剩余部分。在最近的两亿年间,它的根基消失了(可以解释热量异常现象的浅水特征),它的热量大部分散发了(这正好与低比例的熔融以及岩浆活动中体积下降相符合)。被耗尽了的高温物质热柱不会在海底形成高地,因为没有来自地幔中的物质。此外,剩余的异常热量在有很多裂隙的地壳下可以成为岩浆源。地壳中的裂隙降低了内部的压力并且有利于岩浆的溢出通道的形成。因此,加那利群岛上曾被忽视的断裂及其周围的环境变成了研究的焦点。最后,地震数据显示,存在一个巨大的断裂区域,它从加那利群岛向大西洋延伸了八百多千米(图2.28)。

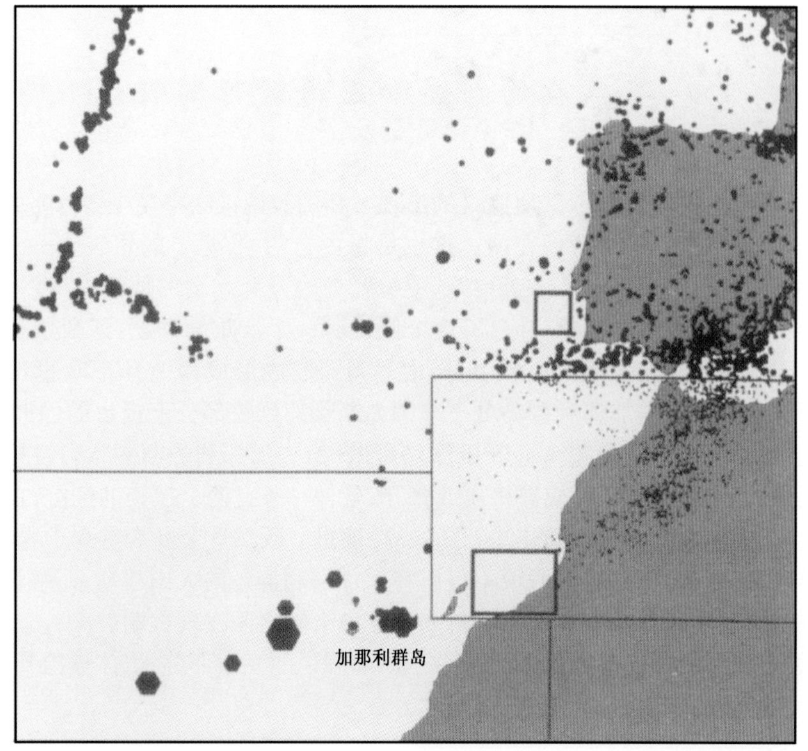

图 2.28　大西洋中东部地区地震带：在加那利群岛和阿特拉斯山脉之间以及塔霍河潮淹区的地震源区用方块括出，它们是两个地震作用强烈的地区。注意加那利群岛到大西洋的地震线，看起来是阿特拉斯山脉的延长部分，直线所圈定的区域其相关资料来自不同的作者

另一方面，最近的一些时间数据证实，至少在一些岛屿上，火山活动的中断时期与阿特拉斯山脉受到挤压（图 2.29）的时期属于同一时期。那么，加那利群岛和非洲大陆之间有联系吗？有证明这两个地区间不存在断层吗？摩洛哥的地震学家得出了一个不可思议的想法：摩洛哥的 Agadir 城与加那利群岛之间的地壳受到了挤压，但是因为没有断层产生，所以没有地震发生。那么又是为什么没有断层呢？关键在于"红海型阶段"（图 2.22）的地质背景。在将来会出现加那利群岛的地方汇集了地壳的几个板块。地壳的拉伸在几个板块间产生了凹陷的区域（与非洲东部的 Rift 裂谷相类似），并在其中堆积了大量的沉积物：在加那利群岛和非洲大陆之间有一万两千多千米的岩石沉积，形成了一个有弹性、容易变形却不容易断裂的区域。如果没有断裂，就不会有地震。但是，虽然这一地区没有断层，还是会发现加那利群岛—大西洋地震带与阿特拉斯山脉的地震带相似（图 2.28）。

除了地震带相似，非洲大陆与加那利群岛之间还有火山的联系：阿特拉斯山脉的许多地区都和加那利群岛属于同一时代，而且它们的火山喷发类型和岩石的种类也很相似（图 2.30）。阿特拉斯山脉在历史上没有火山活动，但是近期是有火山活动的（在 100 万年内）。而且阿特拉斯山脉的火山活动也有长达几百万年的中断期。这些情况证明了在加那利群岛和阿特拉斯山脉下都有热量板（lámina térmica）的说法。这只是一个假说：如果这两个地方的岩浆来自同一个源头，那么形成的火山岩也是相似的。

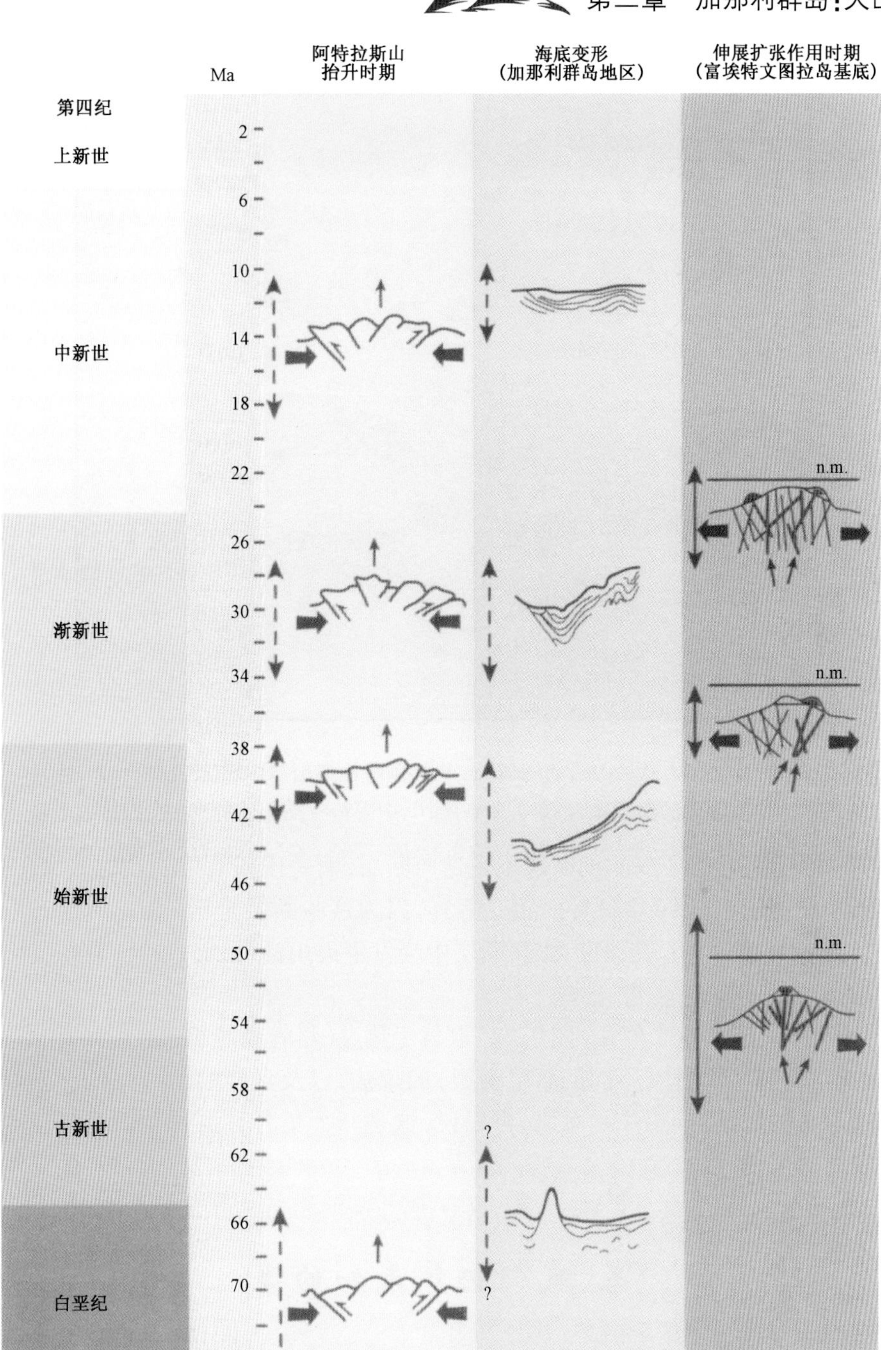

图 2.29　阿特拉斯山脉受挤压的阶段，靠近群岛的海底发生变形以及加那利群岛上的岩浆活动（富埃特文图拉岛基底数据）（据 Anguita 和 Hernán，2000）

如果从加那利群岛的起源角度来看，阿特拉斯山脉的地质特点中最重要的是被称为"花状构造（estructuras en flor）"的板块构造，是一种受压扭断层（图 2.15，图 2.31）控制的大型褶皱。由于在加那利群岛上有这种断层（图 2.17 中的地震正是因这种断层产生的），"被抬升的

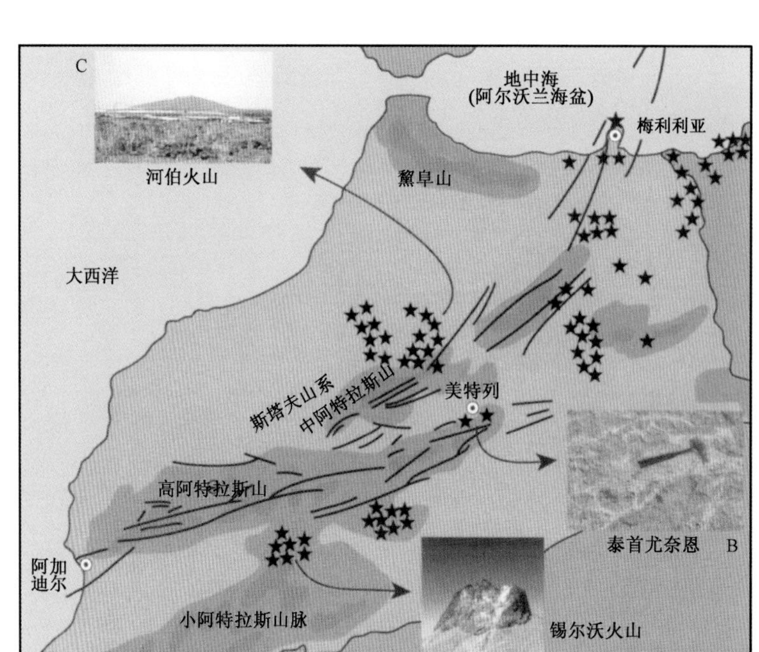

图2.30　阿特拉斯山脉火山活动(具体):A:小阿特拉斯山脉的响岩穹丘:锡尔沃火山;B:高阿特拉斯山脉的碳酸盐岩:泰首尤奈恩;C:中阿特拉斯山脉的火山渣锥:河伯火山

岩体”思想再次形成:抬升了岛屿的断层不是逆向断层,而是压扭断层。在加那利群岛上交替出现的挤压和拉伸现象(图2.29)可以相互解释,因为这些断层是压扭断层(方向+挤压)和张扭断层(方向+拉伸)相互交错的,张扭断层中会发生火山活动,而在压扭断层阶段,已形成的火山会增高。

正如我们所看到的,这个假说(图2.32)取材于热点(尽管高温物质热柱不是活跃的,而是残留的)的想法,抬升的岩体(不同的断层类型)的想法,以及延伸的断裂(拥有地球物理的数据以及非洲地质的数据)的想法。总之,可以说,这是一个集各种假说于一身,复杂而引人入胜的火山群岛的假说。

五、我们仍然未知的事

当然,仍然有许多没有解决并且没有一种现有的假说可以解释的问题。比如,火山活动移向西部的现象,换句话说,为什么西部的岛屿比较年轻?这样的情况让人产生联想,但是却不知道火山活动产生的确切原因。同时,岛屿上构造中轴线线的存在和缺少,以及拉帕尔玛岛上长期的火山活动中断也是我们无法理解的。难道因为最近的300万年间拉帕尔玛岛上发生了挤压,这个岛就休眠了吗?如果是这样,那么特内里费岛不仅在这300万年间不断喷发,而且在历史上也有许多次喷发又是怎么一回事呢?如此近的两个岛屿受到了相反的力,这有可能

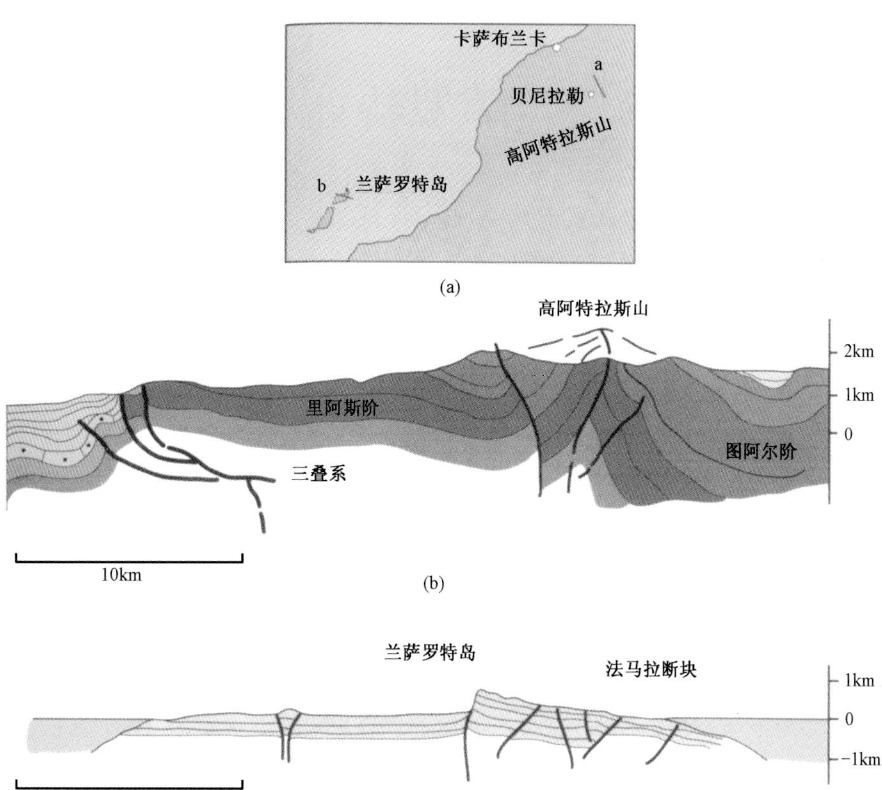

图 2.31　(a)Alto Atlas 地区呈花状的结构(据 Laville 和 Piqué,1992);
(b)同一阶段兰萨罗特岛的剖面图

吗? 还有许多神秘之处:如果所有的岩浆都来自同一个源头,那么为什么一些岛上有大量的分异岩浆形成的岩石(粗面岩,响岩),比如大加那利岛;而在另一些岛上又非常稀少,比如耶罗岛和兰萨罗特岛?

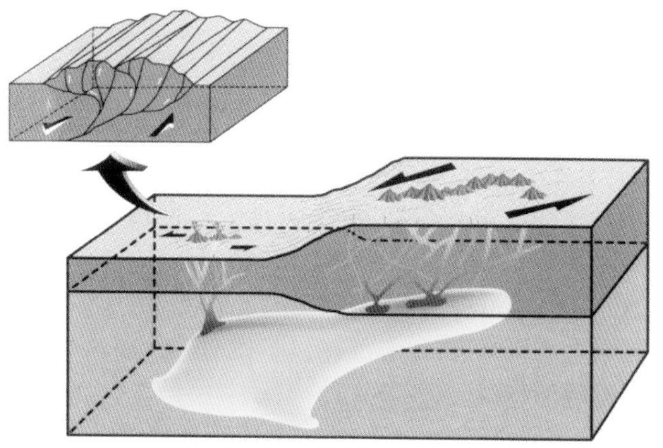

图 2.32　综合了三种思想的加那利群岛起源假说(据 Anguita 和 Hernán,2000)

第三章　兰萨罗特岛:火之岛

1730 年 9 月 1 日,在兰萨罗特岛中部,加那利群岛有史以来最大的一次火山喷发开始了。之后,在两千多天的时间里,火山不断喷出熔岩,有时也会喷出一些奇怪的成分,直到火山碎屑覆盖了岛屿的三分之一并且迫使岛上的居民全部出逃。通过对这次异常大爆发的研究,让我们了解了这个加那利群岛最东部岛屿的一些重要情况。

兰萨罗特岛是一个外表简单的岛屿:它没有地表基岩,其上的板状结构也不复杂,几乎没有分异岩浆形成的岩石,也没有重要的破火山口,没有重大的起源或者地理形态学方面的问题……如果不是因为十八世纪的那次大爆发,它看上去仅仅是一个旅游岛,从地质学角度来看并不吸引人。但现在,我们仔细观察,就会发现许多有意思的现象:一些近年来产生的岩石中含有大量的包体,即岛屿下方原始地壳中的特殊岩石碎块;出现明显的热量异常状况;在这个含碱量很大的岛屿上,1730 年喷发出的一些熔岩竟然不含碱;最后,这是唯一一个与非洲海岸平行的长形高地。令人庆幸的是,这也是个在地质构造方面了解最多的岛屿:从这些研究中,我们获得了一些研究该岛的绝佳重要资料。

一、地　　貌

同它的邻岛富埃特文图拉岛一样,兰萨罗特岛是一个沙漠气候的岛屿,因为它的高度还不足以拦截信风以及信风带来的潮湿空气。常年缺少雨水对于农业来说是一个大问题,但是却有利于岩石的保存,所以它就像是一个岩石博物馆。岛上有两个相对较高的地区,是两个板状玄武岩火山的残余体:北部的 Famara 火山残余和南部的 Los Ajaches 火山的残余。Famara 火山在岛的西北部,朝向大海(图 3.1)的陡坡(23 千米长,670 米高,是岛上的最高点)是一个引人注目的部分,因为它南部的一半在平坦的新形成的土地上。两个火山残余的熔岩都大约向东倾斜 10°,但是,Famara 相对受到的侵蚀较少,而 Los Ajaches 火山残余(正如我们所见,它更古老)则被很深的冲沟切开了。在这两座山之间,是一片平坦的、被小火山占据了的土地。它们大多数是只喷发一次的火山。说到体积,海拔达 609 米的 La Corona 火山(图 3.2)是最大的,它位于 Famara 火山残余的 250 米高的岩体之上。

有证据可以表明,在刚才提到的那两个盾火山的形成过程中,这个岛屿增高了。因为那些倚在火山残余部分的熔岩上不同高度(2 米,5 米,10 米,20 米,直到 50 米)的海滩还存在。兰萨罗特岛的风景中一个有趣的特点(富埃特文图拉岛上也有)是钙质层(caliche)的外壳,是一种被风从海岸(有很多石灰质贝壳的地方)带来的含钙碳酸盐岩。这种钙质碳酸盐岩会在所有暴露在外几千年的物质上附上一种古老的锈迹(图 4.5)。

图 3.1　Famara 海湾上 Famara 的巨石。陡坡下半部被冲积物覆盖(掉落的物质)

图 3.2　Famara 火山的基底倾斜的熔岩流上的 La Corona 火山。其右侧附属的火山锥在图 3.13 中可见

二、地质单元

兰萨罗特岛的地质地图(图 3.3)通常会包括三个不同的部分:第一,板状基底;第二,小型的盾火山;第三,火山碎屑锥。板状基底是向东部倾斜的熔岩流堆积物。它们是受到强烈侵蚀的盾火山(图 3.4),还是后天形成的水平方向移动的堆积物? 不同的作者观点不同。支持第一种观点的人是基于在岛屿上侧面的坍塌是很平常的现象(在富埃特文图拉岛这一章中看到)这一事实;与此同时,反对者提供一些重要的数据:在富埃特文图拉岛上找到了掺入玄武岩中的大约 500 万年前的沉积岩,它也向东倾斜(与盾火山的玄武岩不同,大多数的沉积物是水平分布的,因此倾斜的应该为后者)。此外,我们看到(图 8.20),在其他岛屿上,发生移动的显而易见的迹象使得

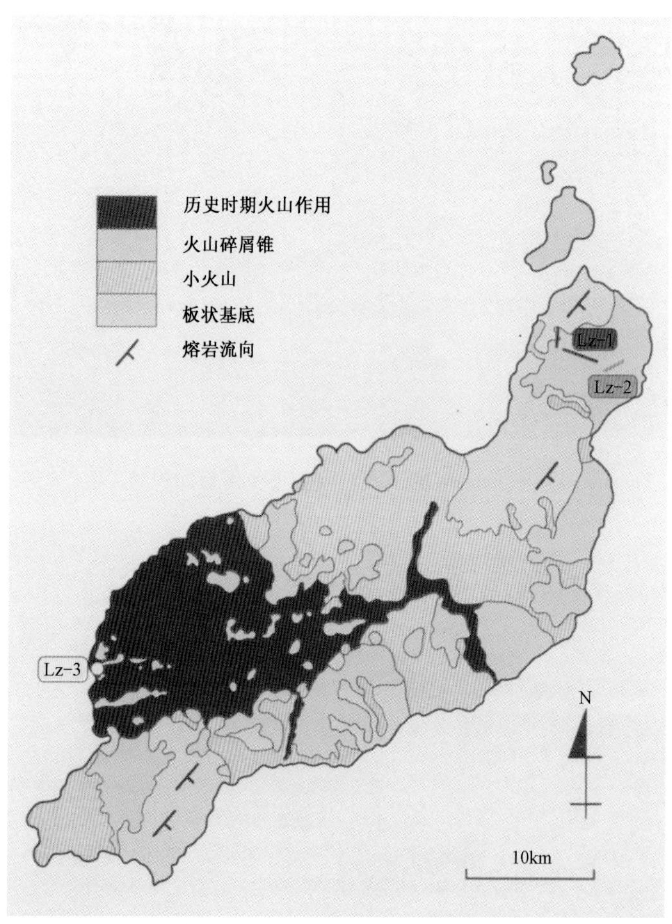

图 3.3　兰萨罗特岛地质图(据 Marinoni 和 Pasquare,1994)

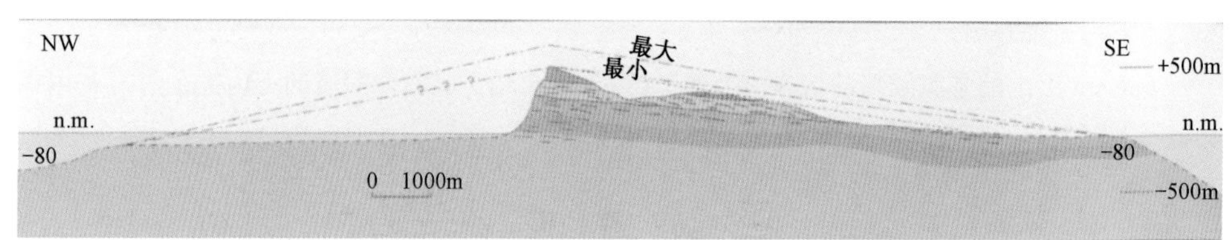

图 3.4　盾火山层状剖面图(据 Coello 和其他人,1992),其他作者对原始的火山有不同看法

这一过程真实可信,尽管这并不是证明兰萨罗特岛上发生了移动的直接证据。

毫无疑问,加那利群岛上的板状火山(可能除了大加那利岛以外)一点也不比处于热点之上的大洋岛屿上典型的巨大盾火山逊色。这些板状火山并不是在火山剧烈活动的短时期内形成的,而是在相互分开的几段很长的时间内形成的,其中还包括一段很长的不发生活动时期。就拿兰萨罗特岛来说,可以推断出它受到侵蚀的最大程度。Los Ajaches 的基底是最古老的:它是分两个阶段(15.5～14,13.5～12,单位:百万年)形成的,这两个阶段被一个短暂的非活动期分开。在 Famara 火山,火山活动直到南部的基底消失之后才开始。它的形成经历了三个阶段(10~8,6.5~5.5 和 3.9~3.8,单位:百万年)。这些火山的一大特点就是缺乏分异岩浆形成的岩石,而是以一些粗面玄武岩以及很少量的粗面岩为代表(Famara 上没有粗面岩)。

该岛在经历了 100 万年的休息之后,从 2700 万年前又重新开始火山活动,直到今天也没有停歇过,尽管岩浆活动最剧烈的时期已经过去。第一批形成的火山是带有火山碎屑锥的盾火山,其上的火山碎屑锥有时会混入后来产生的熔岩。经常呈线型排列的火山渣锥是兰萨罗特岛上近来形成的很有特色的火山。比如,位于 Famara 的岸边崖壁对面的 La Graciosa 岛(图 3.14),是一个被侵蚀的平坦的台地所包围的火山碎屑双锥火山。在最近的 200 万年间发生的一些喷发有两个重要的特点:第一个特点是化学成分拉斑玄武岩(喷出的玄武岩比碱性玄武岩含碱(钠和钾)量少,含二氧化硅多。碱性玄武岩是该群岛上独有的类型),这表明地幔发生熔融的比例较高;另一个特点是有大量的包体,既有沉积岩(砂岩,石灰岩),又有深成岩(辉长岩,纯橄榄岩)。我们把这一部分留在最后讨论,因为我们将会揭示在最近的一百万年里,兰萨罗特岛下发生的有趣的故事。

三、构　　造

德国博物学家雷奥帕特·冯·布赫 1815 年来到兰萨罗特岛时,第一个认为在 18 世纪那次大爆发中,大部分的火山都是排列成行的。喷发过程中,岩浆从一个很深的裂缝中溢出。大约两个世纪以后,研究地质构造的专家证实了这一说法,并且还表示该岛上还有许多断层。在航空照片上总共可以看到 580 个线条(近乎于直线,这通常都有重要的地质学意义,图 3.5)。

图 3.5　(a)Los Ajaches 地区的地质线条(据 Marinoni 和 Pasquare);(b) a 图中箭头所指断层的放大图

其中 204 个经确认是断层,273 个是岩墙,45 个就像冯·布赫推测的那样,是线性排列的火山锥(图 3.6)。最常见的断层是平移断层(87 个),次之是正断层(48 个)和逆断层(21 个),有证据证明断层中的力是来自不同方向的,因为断层的平面上总是有各个方向的擦痕(图 3.7)。

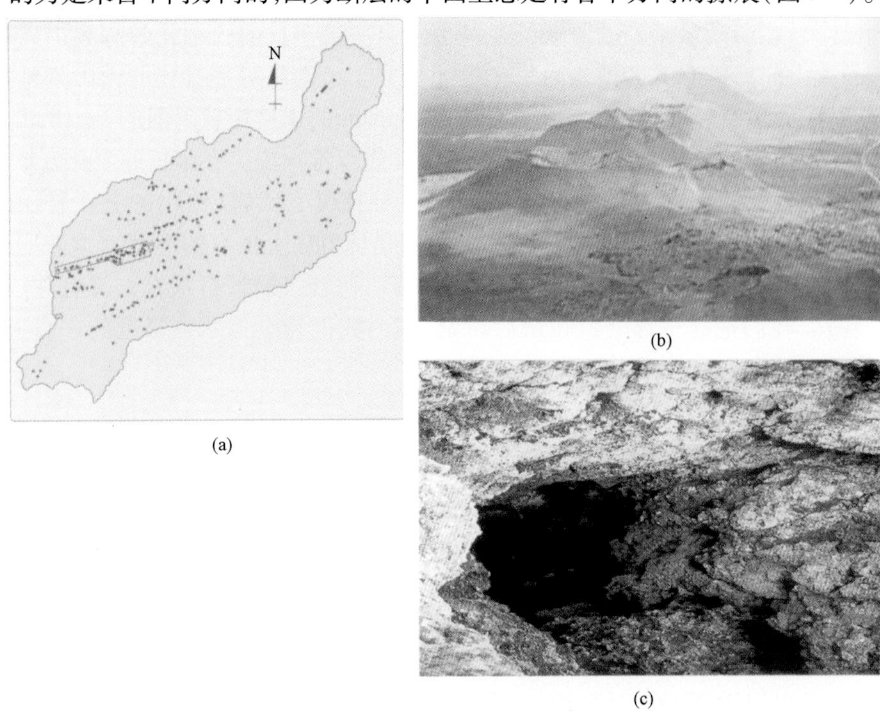

图 3.6 (a)新形成的火山锥连线(据 Marinoni 和 Pasquare)。用方块标出了 1730～1736 年间喷发形成的火山。Tinguatón 火山(文章中提到过)用绿色的星花标出;(b)从 Timanfaya 山顶看到的这条火山锥连线;(c)Tinguatón 火山的潜水岩浆爆发的硅镁层

图 3.7 (a)El Golfo 地区的断层平面;(b)两套擦痕的近视图(参考兰萨罗特岛考察路线 3)

这个巨大的断层集合体对该岛的演化起到了决定性的作用。在古老的岩体上,最引人注目的形态学特征是 Famara 的陡坡。这个陡坡与 1989 年大加那利岛和特内里费岛(图 2.17)间大地震所形成的断层平行。这一点,连同它直线型的外观,使人不禁怀疑,侵蚀作用利用了断面。说起现代的火山活动,图 3.6 所示的呈线性排列的火山锥在某一方向上扩张(正如第一章所说,这有利于岩浆的形成和上升)。这个方向与断层中力的方向一致。甚至,呈现热量异常的火之山(山的名,Las Montaña del Fuego)(图 3.8)也正好处于两个断面的交叉点。

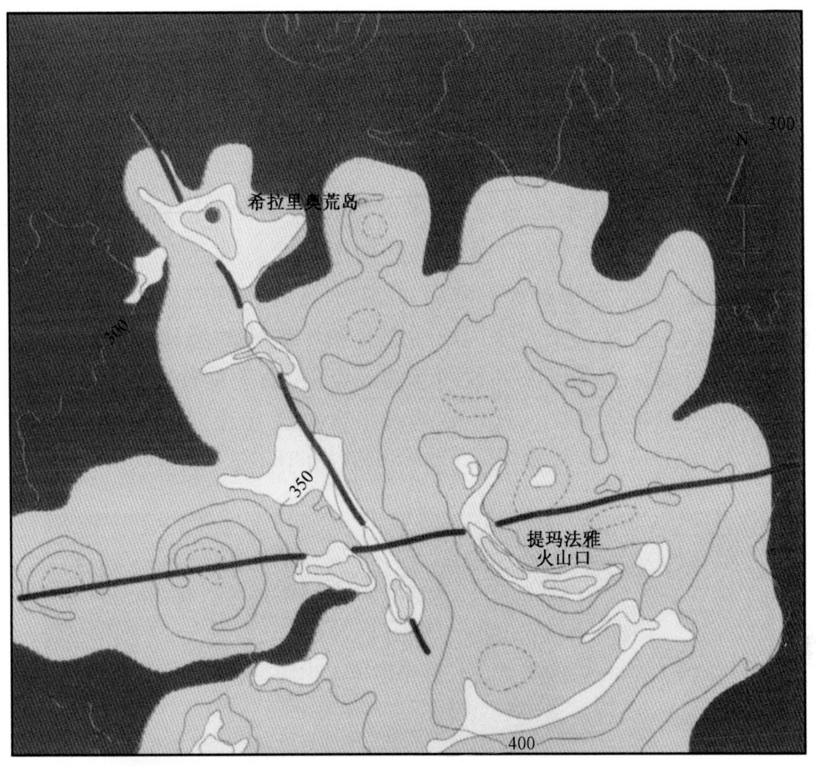

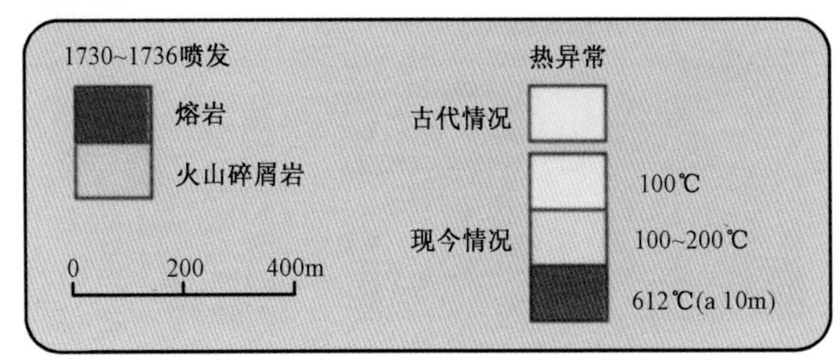

图 3.8　Las Montaña del Fuego(火之山)的热量异常区处于两个断层交叉处(据 Carracedo 和 Soler,1983)

四、兰萨罗特岛的演化

如图 2.24 所示,兰萨罗特与富埃特文图拉岛以及名为“概念之堤”的水下地势突起,共同形成一个东北向拉伸、与非洲海岸平行的背斜脊。兰萨罗特岛断层群中的一个(如 Famara 陡

坡,就是该地势突起的主要特征)以及在下一章中要涉及的富埃特文图拉岛的主要构造方向都沿着同一方向。那么,加那利群岛东部的背斜脊(有时会这样称呼)应该也受到了区域构造的影响。在这一框架下,Los Ajaches 岩体(一直活跃,直到 1200 万年前停息)和 Famara 岩体(1000 万年前开始形成)的年龄交错比较有趣,就如同岩浆源沿着断裂向东北部移动。但是我们至今都不能深刻了解到这些年龄的意义。

在板状火山形成并被部分侵蚀后的 270 万年是火山恢复活动的重要时期。一开始,火山活动是比较适度的,但是之后便开始剧烈活动直到形成一个巨大的火山渣锥(比如 La Corona 火山渣锥),并在 1730—1736 年间开始大喷发。在喷发不断反复的时期,兰萨罗特岛下的地幔也很活跃。活动突然活跃的主要标志就是地幔内大约 20% 的熔融物质(含拉斑玄武岩)形成的岩浆成分的变化,而加那利群岛上典型的玄武岩(我们在上一章中所讲的,含碱玄武岩)平均只占 11%。

这一推论得到了纯橄榄岩包体的证实(图 3.9)。纯橄榄岩包体的作用如同温度计一样,告知人们它来自岛下大约 2500 米的地方,那里温度高达 1100℃。那里就是整个岛屿地热最高的地方。为什么正好在兰萨罗特岛下呢? 一些加那利群岛热点假说的支持者回答说那一点在兰萨罗特岛下。但是,并不容易解释耶罗岛、拉帕尔玛岛和特内里费岛上最近的火山活动。支持综合假说的人们认为大量起重要作用的断层有利于地幔的融化,同时岩浆在岛下不断形成可以使深层的温度升高。但是大家一致同意的一点是,由于某种原因,兰萨罗特岛下的地幔熔融比在其他岛下的熔融程度都大。这也就解释了含拉斑玄武岩出现的原因,以及那次大喷发是加那利群岛的历史记录上规模最大、持续时间最长的原因。

图 3.9　El Golfo(含辉长岩,纯橄榄岩)包体的蒸汽爆发喷出的火山碎屑物形成的沉积岩

在 1730—1736 年喷出的岩浆中有洋壳岩石(石灰岩,辉长岩)、有幔源的岩石(非常多的纯橄榄岩),最重要的是,这些岩浆中带有包体,就像是一本为我们讲述岩浆上升和形成情况的书籍。另一方面,大量的包体似乎说明了岩浆房内部发生了部分塌陷,那些包体就是岩浆房塌陷之后的残余物,岩浆无法使其全部熔化。一些研究人员提出,地壳和地幔中包体岩浆的出现意味着在兰萨罗特岛下方,地壳和地幔是混合在一起的,而造成这一现象的作用和力量可能

也同时导致了我们在地表所看到的断层的形成。大量的纯橄榄岩还表明了岩浆的快速上升,因为只有在速度大的情况下,密度为 2.8 克/立方厘米的液体才能带动密度大于 3 克/立方厘米的岩体上升。

熔岩覆盖了两百多平方千米(全岛面积为 780 平方千米),那次喷发的特点是:多个喷发口(十几个主要的,总共有三十多个,图 3.10),沿着裂隙持续溢出岩浆,喷发不断交替。1824 年,其中的一些喷发点随着新的喷发点一起再次活动,其中最著名的是 Tinguatón 火山(图 3.6a),它的这次喷发向上喷起两个 30 米的沸水柱(可能是海水)。具体演化图示见图 3.11。

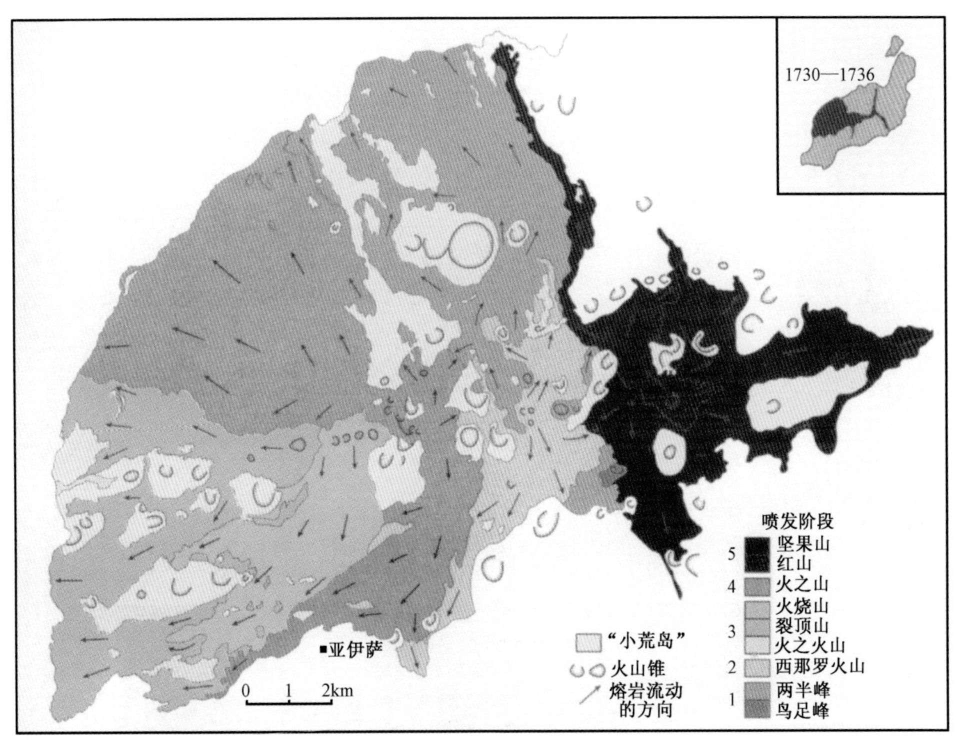

图 3.10 兰萨罗特岛 1730—1736 年喷发出的熔岩概况。中部的火山活动主要分为五个阶段(据 Carracedo 和 Rodríguez Badiola,1991)

五、地质考察路线

路线 1 La Corona 火山:火山口和熔岩

火山口深 400 米,口朝向东北方向,呈现了水平的被其他陡坡(图 3.12)所切断的熔岩结构。火山口中有一个稳定的熔岩湖,熔岩反复溢出。具体说来,最值得关注的不是熔岩,而是周围的火山渣(图 3.13)或者叫熔结火山碎屑的这种物质。La Corona 火山的熔岩流经常流动:溢出流向西部的 Risco de Famara,在遭受剥蚀的台地(图 3.14)上流淌。在熔岩管道(图 3.16)中流淌形成翻花熔岩(图 3.15)。熔岩管道长达六千多米,有的地区可以形

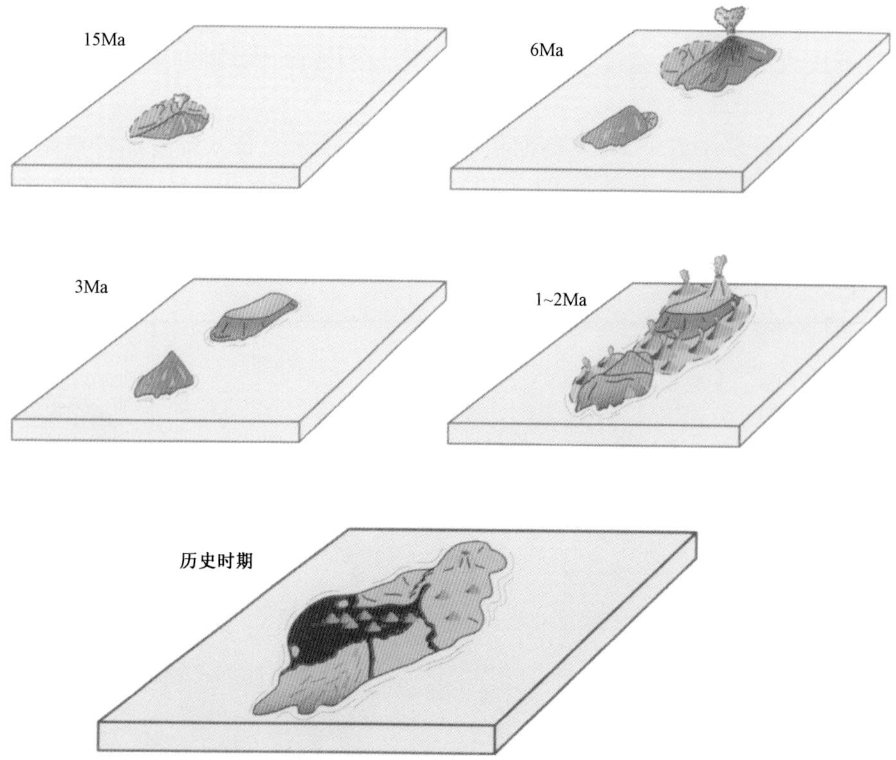

图 3.11　兰萨罗特岛的演化分为五个阶段：Los Ajaches 火山的形成，Famara 火山的形成，两座火山遭受侵蚀，小型层火山和火山渣锥的形成，历史上的火山活动

图 3.12　La Corona 火山熔岩湖的边缘，倾斜的熔岩流表明熔岩反复多次溢出

成三层管道。熔岩管道顶部塌陷的地方（熔岩天井）是进入地下的入口，如图 3.17 所示熔岩天井的入口。

图 3.13　熔凝灰岩构成 La Corona 火山的寄生火山锥

图 3.14　Risco de Famara 脚下的浪蚀大陆棚上,La Corona 火山的熔岩。远处是 La Graciosa 岛以及它的两个火山渣锥:Bermeja 火山和 Amarilla 火山

图 3.15　Orzola 的南方 La Corona 火山的渣块熔岩中的一个小火山。这只是一个假火山,当熔岩流下方的气体聚集到一定程度,会炸开熔岩

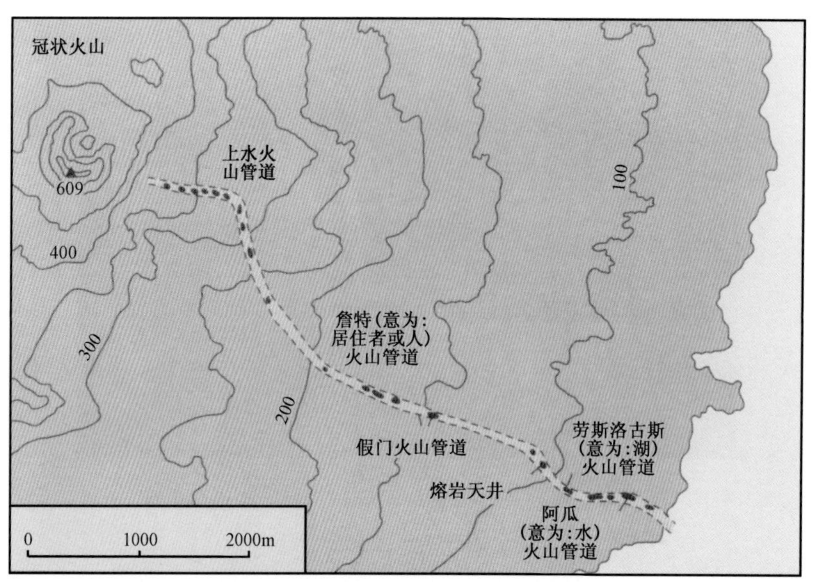

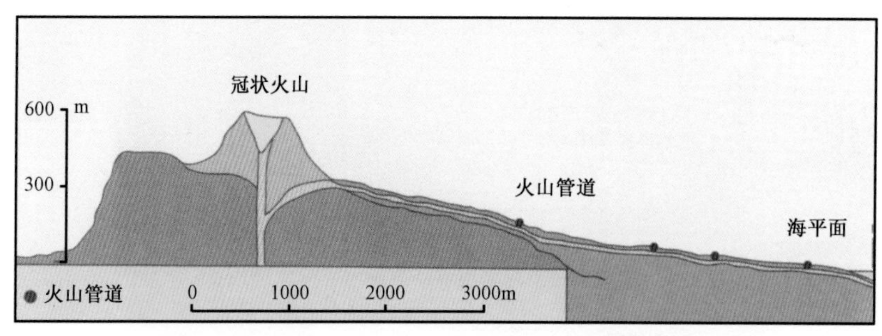

图 3.16 La Corona 火山通道示意图(据 Bravo,剖面图中垂直方向的比例放大了 2.5 倍)

路线 2 Verdes 熔洞:火山内部

这个熔岩管道是 La Corona 火山(图 3.16)产生的巨大熔岩管道的一段(大约 2000 米),由熔岩流先后形成三层。

在其中,我们可以看到管道顶部的熔岩钟乳石。高温的熔岩流在封闭的环境中流动造成管道顶部发生部分熔融。侧面的平岩层(图 3.18)标出了先后几层熔岩,熔岩在不断减少。内部有高温物质通过,外部有硬壳,管道的顶端比外部光滑很多。

在 Agua 熔岩天井附近(图 3.19)的自然风光对于旅游者来说是非常柔美的。

路线 3 El Golfo 火山机构:岩浆房的演化史

El Golfo 是一个独特的火山,它是在第一章中讲过的蒸气爆发中,由岩浆和海水形成的。它也是一个 Montaña Rajada 火山熔岩流附近的“小岛(islote)”。Montaña Rajada 火山是 1730 年大爆发的其中一个喷发口。从 Yaiza 到白海滩总共九千米,这段公路上有一个小道。这个小道穿过两个曾经在 1730 年喷发过的火山的熔岩流:Montaña Rajada 火山上有集块熔岩,之后又被覆盖了一层 Calderas Quemadas 喷出的翻花熔岩(图 3.20)。

图 3.17　水平方向上，La Corona 火山上叫做 Gente 熔岩天井（请看下一幅图的位置）的渣块熔岩管道入口

(a)

(b)

图 3.18　（a）Verdes 熔洞中的暗河，可以看到右上方和侧面的平岩层；（b）熔岩管道内的其他地方

图 3.19　La Corona 火山渣块熔岩管道的结尾处 Agua 熔岩天井(请看图 3.6 中的位置)

图 3.20　1730 年大喷发的遗迹:后期的熔岩(翻花熔岩,上部)覆盖了前期的熔岩(结壳熔岩,下部),直到全变成翻花熔岩。在翻花熔岩上出现了小岛(islotes)(也即最上部的小山丘)

岩浆水汽爆发火山上有一个水藻繁盛的湖(因此它的水是绿色的),而且被火山锥的残余物围绕形成 C 型(图 3.21)。

图 3.21　Verde 湖,在岩浆水汽爆发形成的 El Golfo 火山的对面

这个火山具体的外貌就是在岩浆水汽爆发中喷出的物质。剧烈的喷发喷出细小的岩浆(火山灰),它遇水快速冷却形成一种坚硬的混合物,还可以找到火山碎屑流(图 1.12),其特点是“有层理”(图 3.22)。当喷发的物质侵蚀了以前喷出的物质并且在山体侧面形成一层新的沉积。

还会看到另外两个 El Golfo 火山猛烈喷发形成的残余物:火山灰层(图 3.23)中掉落的火山弹沉积和包体沉积。还出现大量纯橄榄岩 (图 3.24)以及辉长岩。

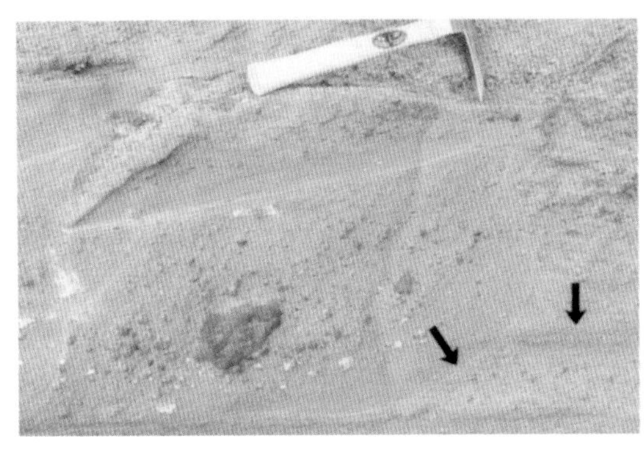

图 3.22　火山碎屑浪中的交错层理

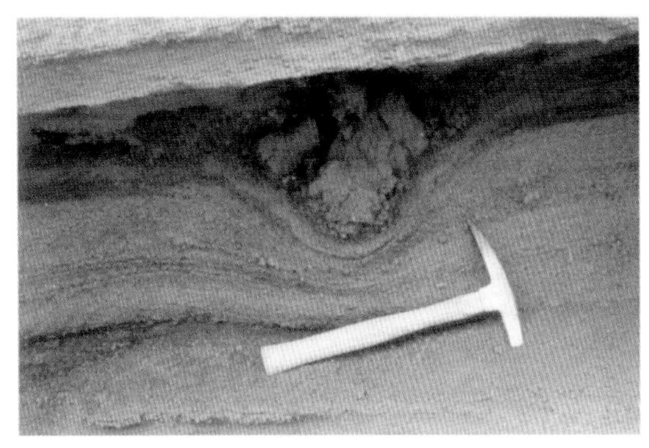

图 3.23　火山弹冲击 El Golfo 火山灰的痕迹

最后一个有趣的地方是有擦痕、具有较好断层平面的正断层(图 3.25)。它们可以展示近来岛屿内部的地质活动,因为它切断了 El Golfo 火山喷发物的沉积层。

图 3. 24　显微镜下的纯橄榄岩上包体的照片。所有晶体均为橄榄岩。根据所处的位置，吸收光谱上不同区域的射线，呈现出不同的颜色（称为双折射性）。一些结晶上渐进的阴影部分（称为消光）说明岩石曾经受到巨大的压力

图 3. 25　El Golfo 火山的正断层。右边的部分在图 3. 7（a）和（b）中

第四章　富埃特文图拉岛：起源之谜

关于加那利群岛的起源，最准确的答案就在富埃特文图拉岛西海岸。正如那些含有早于太阳星体物质的陨石，这些岛的深层结构向我们诉说了早于加那利群岛的大西洋：一片缓慢地接收沉积物的海底，直到大约 7000 万年以前，岩石圈中一种沉睡却滚烫的古老物质在地幔上打开了新的出口。

为什么这种基底在一些岛屿上有露头在一些岛屿却没有上露头呢？既然我们在其中最古老的岛屿上（富埃特文图拉岛）看到有该基底，在最年轻的岛屿上（拉帕尔玛岛）也同样有基底，那就是说与年代无关；既然这一现象在面积最大的岛屿上（富埃特文图拉岛）存在，在面积最小的岛屿上（戈梅拉岛）也存在，那就与面积也无关；这些露头既在海拔最低的岛屿上（富埃特文图拉岛，这是保持了各种纪录的岛屿）占了很大一片面积，又在海拔最高的岛屿上（拉帕尔玛岛）不可小觑，那这与海拔也无关。毫无疑问，它的出现与侵蚀程度有关，这些侵蚀揭示了群岛的根源。但是，它在岛与岛之间的变化为什么如此之大呢？气候似乎并非是侵蚀程度的决定性因素，虽然富埃特文图拉岛的这种基底在一种沙漠般的环境里露头，但拉帕尔玛岛上的基底却在这一最湿润的岛屿的深处。既然有些岛比其他岛升高很多，那么构造地质学可能是解决问题的关键。

本章的最后将有更多资料来解决这一未知数。现在，让我们把注意力放在大自然给我们提供的一些信息上：一个群岛数百万年演化史的详细资料，该群岛是最长寿也是世界上记载最完备的活火山群岛之一。这很大程度得益于富埃特文图拉岛独特的基底。

一、地　　貌

在富埃特文图拉岛，它的东—西纵剖面是凸起状而不是凹陷状的：它的中心占地宽广（该岛面积为 2019 平方千米，属群岛中第二大岛），是所谓的中部坳陷，高仅 100 到 200 米，西侧被 Betancuria 群峰环绕，东侧有一片狭长的刀状小丘（“cuchillos”）（图 4.1）。鉴于该岛较古老，传统上假想这一地形在地貌学上是所谓的“年老的”，但近来对这一题目又提出了新的设想。一方面，提出中部坳陷可能是一个地质构造的地堑，或者说，是由直接断层划定的一个下陷的地体。根据与前种设想相排斥的另一种设想，岛中央的一座盾状火山的西侧在大约 1500 万年以前倒塌，分成几个阶段滑进了海里（图 4.2），在它原来的位置留下了一个凹陷，随后便被其他火山填充。这个边侧的下陷可能也能解释出现在岛西侧的突出部分（图 4.1b 图的箭头所示），在这个突出部分应该积聚崩流物质。根据这种假说，被毁掉的火山（推断其余部分的坡度可计算出来它的高度）最低高度为 3000 米，也许是 4000 米：所以，刀状小丘（“cuchillo”）可能是另一个“teide”的遗迹，“teide”今日已成为群岛中第二座海拔最低的岛屿。既然在北部和南部存在盾状火山的其他部分，这便不应当是唯一的侧翼塌陷。南部的盾状火山在 Jandía 半岛上形成了 Jandía 陡坡（含有岛上最高点）。

(a)

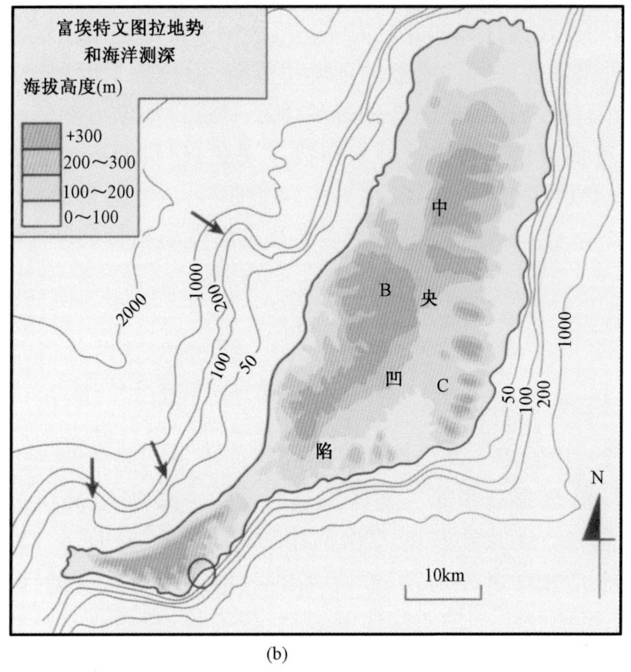

(b)

图 4.1　(a)富埃特文图拉岛景观:从"cuchillo"地区观望中央盆地底部的 Betancuria 群峰(primer termino)。(b)岛上水上水下的地形。箭头指出了等高线上重要的突出部分(见文内)。

注:B: Betancuria 群峰;C:"cuchillos"(据 Stillman,1999)

富埃特文图拉岛的沙漠气候有利于沙丘的增长,在北部形成了一片广阔的旷野,靠近 Corralejo,其他的在南部(图 4.3)。

沿海的沙丘很常见,如 jable,被风搬运继而压实形成的沙砾堆积物(图 4.4)。钙质分布仍

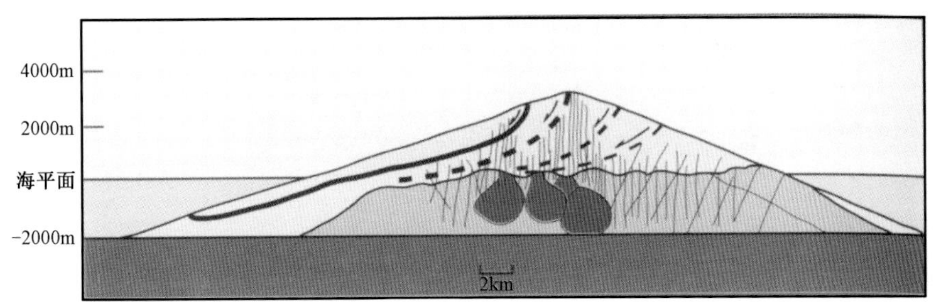

图 4. 2　碎屑崩塌削平占据富埃特文图拉到中心的盾火山(中心火山机构)的假想示意图
(据 Stillman,1999)

图 4. 3　Jandía 半岛上 Sotavento 沙滩上的金字塔形沙丘

图 4. 4　Encantados 峡谷中沙地上的风蚀地貌(La Oliva)

比兰萨罗特岛多,已明确认为富埃特文图拉岛上钙质含量丰富。钙质可以形成很厚的壳以至有时候(与玄武岩相比较)成为保持风景持续性的重要组分(图 4. 5)。在大量钙质层中发现了奇特的蜂巢化石(Anthophora),这表明,在最后 100 万年的某些时刻,这个岛被植物所覆盖。

图 4.5 (a)在西海岸,坚硬的钙质层在 Ajuí 峡谷南部的火山基座上产生了檐状结构;(b)西海岸钙质中的蜂巢(箭头处)

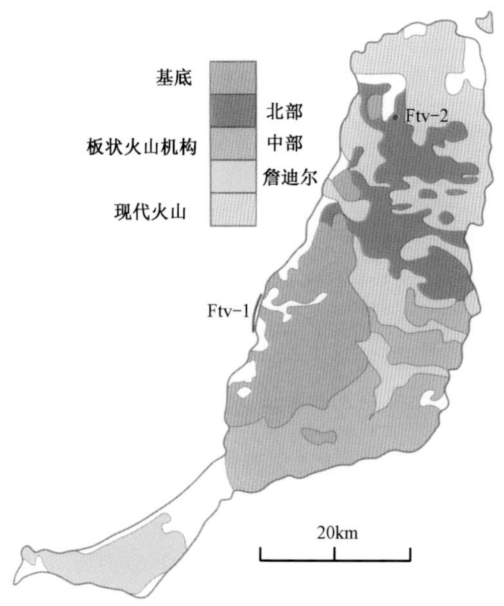

图 4.6 富埃特文图拉岛地质简图(据 Fernàndez 等,1997;Coello 等,1992;Ancochea 等,1996)

二、地质单元

在这个岛的地质地图上(图 4.6)分为三个重要的单位:火山基底,板状构造(火山)和近期火山中心。火山基底由一些海底(沉积的,火山的)岩石组成,这些岩石中有深成岩体形成的岩墙;每一个地质单元都展现了不一样的复杂性,我们将从沉积物到深成岩体描述他们的主要特征。

那些沉积物形成了两个独立的系列:最重要的(1500 米的厚度)系列在 18000 万年前到 6500 万年前之间沉积下来。

既然是沉积物,某个侏罗纪的鱼龙能够在它之上游动,就尤其要考虑到这种爬行动物超强

图 4.7　浊积沉积物(La Peña 港口)

图 4.8　火山基底的枕状熔岩(La Peña 港口南部)

的潜水能力(图 4.7),或者由靠近大陆坡坡脚的浊流沉积而成的深积物:这可是原始大西洋海底!这个系列较高部位的沉积物中夹杂着 6500 万年前开始形成的海底熔岩(图 4.8),它们揭示了这个岛从海底深处形成时的起点。

与前一系列沉积物完全不同的是,另一些沉积物的年龄在 3000 到 1500 万年之间。既然看起来像是枯萎的珊瑚礁,那它肯定是在一个完全不同的环境里沉积下来的。

有时候,富埃特文图拉岛的岩墙如此密集,以至于看不到那些围岩(图 4.9):由此可称其为岩墙网,或围岩群。一位惊呆了的研究者写道:在这个火山基底上可能有数百万堵岩墙!这么大的新岩石体形成,估计地壳应在垂直方位上通向喷发的较佳方向(北西北)大约 30 千米。我们稍后分析一下这种估计的结果。除了那些火山基底,在加那利群岛上唯一有如此大量岩墙的地方就是一些岛上所谓的“构造中轴线”了(图 6.16)。

火山基底的深成岩体,即岩墙群的起源,组成了一个五彩缤纷的体系:一方面是深色岩石,

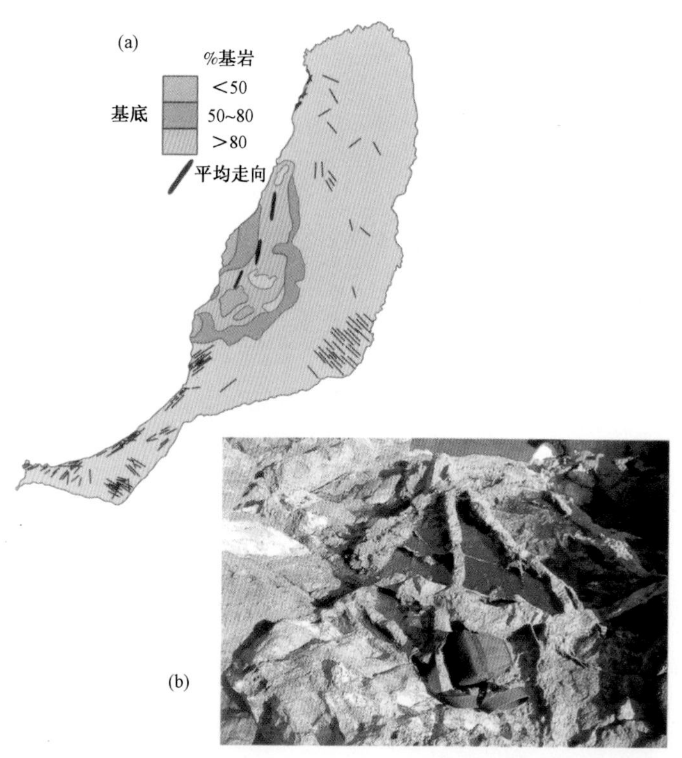

图 4.9　富埃特文图拉岛的岩墙。(a)在火山基底喷发(总是很高)密度不同的地区已分开。在居中方向,并不完全平行而是“接替”出现,这是拉分盆地中独特的地方(图 2.15)(据 Fúster 等,1968;Stillman,1968);(b)火山基底上的岩墙群的照片

像辉长岩(图 2.3 中出现),还有与其有成因联系的,颜色更深的辉石(图 4.10)。另一方面,是浅色岩石,特别是像花岗岩但不含石英的正长岩(图 4.11)。最后,是一种由于其十分罕见而被喻为“皇冠上的珍珠”的碳酸盐岩(图 4.12)。碳酸盐岩是一种为人熟知的石灰岩奇异变种。它所含的钙质碳酸盐不是溶解后沉积,而是融化后结晶。从 7000 万年前开始,在几个不

图 4.10　位于 Betancuria,Mesquer 山脉的辉岩火山基底

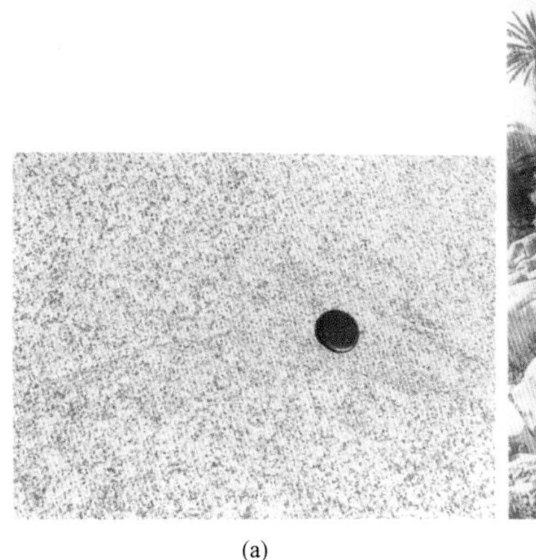

(a)　　(b)

图 4.11　Palmas 河低洼地的正长岩。不管是从小尺度(a)还是露头(b),外观都与花岗岩类似

同的时期里(图 2.29 中有图解),这些岩石开始侵入洋壳。最重要的侵入时期仅持续了 400 万年(在 2000 至 2400 万年之间),最终在 1900 万年前该岛浮出水面,从而宣告这一时期的结束。

对于侵入岩的顺序还没有取得一致认识:最早的深成岩体可能是辉长岩和辉岩,或者是碳酸盐岩;然后(2300 至 2200 万年)是正长岩,最后又是正长岩(2000 万年)。正长岩组成了环形岩墙结构,这一名称缘于其在地质图中的指环形状(图 4.13),而这一环形岩墙结构是岩浆房整个顶部反复、局部的塌陷而形成的。实际上,火山基底的最后深成岩体是岩浆房,它滋养了这时已出现的岛屿上最初的火山。但是,通常来说,基底是岩浆变化的一种完美情况:最初是玄武岩岩浆(深度结晶之后演化成辉长岩),接着演化直到变成正长岩,然后进入最后阶段,碳酸盐岩。

图 4.12　火山基底的碳酸盐岩。可以看出方解石晶体,因为它的外观呈 60°角

火山基底之上的地质单位要简单得多。正如在图 4.6 中可以看到的,有三个大的盾火山,其中的每一个都在内部积蓄熔岩流,最终厚度超过 1000 米(同样情况下中部火山(构造)超过 2000 米)。

这三座火山都坐落在岛的根基之上,但并不是同时出现的。Jandía 岛上的火山(构造)(图 4.14),处于南部,尽管有 2000 万年的记载可以表明它是继火山基底之后形成的,但看起来它在 1600 万年至 1400 万年期间尤为活跃。可以肯定的是,中部火山(图 4.15)发生的情况也是如此,它在几个非常断续的时期(2000 万年

(a)

(c)

(b)

图 4.13 (a)位于 Gargantade las Peñitas 的火山基底的正长岩，靠近 Palmas 河低洼地；(b)环形岩墙的地图与地质剖面图。V：Palmas 河低洼地；B：Betancuria；T：Toto；P：Pájara（据 Fúster，1968）；(c)环形岩墙图解（左图，岩浆压力不能承受岩浆房顶重力的情形）以及锥状岩墙图解（右图，岩浆压力大于房顶重荷并可以将其顶起的情形）。在大加那利将看到壮观的锥状岩墙

图 4.14 被雾围绕的 Jandía 岛的盾火山，摄于 Cofete

至 1700 万年，1500 万年至 1300 万年）不断积累着，正如加那利群岛的大多数盾火山一样。

相反的，北部的火山（图 4.16）直到 1700 万年才开始形成，似乎在 14y12Ma. 之间，整个火山就已成型。这一时期几乎与 Los Ajaches（在兰萨罗特南部）的火山形成时期一致，这暗示着在加那利群岛东部的山峰出现过一次北西北向的活动迁移。富埃特文图拉岛（从 2000 万年起）南部与中部的火山很可能被北部与 Los Ajaches 的火山（从 1600 万年起）所取代，最终以 Famara（从 1000 万年起）结束。但是没有人能肯定地说出这场接力赛跑的意义所在。

图 4.15　中央火山

图 4.16　属于北部的火山的熔岩流,位于 Cotillo 港,年代 1610 万年

图 4.17　大的板形火山之后的小型盾火山

盾火山的活动结束之后,在富埃特文图拉岛有一个 700 万年的间歇期。继此之后,火山作用在 500 万年前随着一些小盾火山(图 4.17)的出现而重新开始,之后是大火山渣锥(图 4.18),但数量比兰萨罗特岛要少,而且不同的是,表面看来它们并没有沿断裂面组成。看

起来好像在这个岛上,地壳构造已经将它所有的能量消耗在使火山基底变形上,接下来要说的正是这个问题。

图 4.18　Gairía 山,新生成的火山渣锥(位于 Malpaís Grande)

三、构　　造

图 4.22 中可以证实的,火山基底的沉积物是倒置的,形成一个巨大褶皱的下部底边(该褶皱的中轴线朝向西—东),若干作者解释说这一结构不是压缩(压缩是形成褶皱的一般形式)的结果而是受到大致南—北方向拉伸的影响(水平移动产生的断层)。这一变形的年代在小于 5000 万年以前,这一时间与第二次地区性变形(开始于大约 4700 万年以前,图 2.29)的时间衔接得很好。包含其余礁石的沉积物也呈褶皱状(虽然更轻微),这意味着至少其他时期的力影响了这个岛。正如有人推测的(从深成岩墙数量的增多得出)存在一次区域性膨胀的情况那样,富埃特文图拉岛的火山基底向我们显示了一种手风琴样的地质构造,其膨胀时期(在此时期岩墙与一些深成岩体喷发)与压缩时期(在此时期发生褶皱,物质抬升)交替进行。另外值得一提的是利用碳酸盐岩喷发的构造:它们是可塑性强的碎片(图 4.19),也是深山地区特有的、但与海洋火山群岛不相称的一种极端变形。我们可以肯定地说,在夏威夷群岛永远不会发现类似的现象。富埃特文图拉岛的火山基底最直观地证明了,从构造的角度来看,加那利群岛是不同的。

四、富埃特文图拉岛的演化

对于这个岛来说,海底山脉的构造阶段在 2000 万年,不久之后完成。因为这个阶段(图 2.29)邻近的阿特拉斯山脉开始了挤压的最大阶段。我们可以想到,也许富埃特文图拉岛的横空出世更多地归结为地质构造的力量而非源于物质的堆积。这个火山基底的唯一特征是,并非所有陆上物质都明显地与基底分异,而是某些地方这个活动好像是持续的,将结构上的近

图 4.19　Ajuí 地区碳酸岩上强可塑性的碎片

期深成岩体与大盾火山的起始衔接起来。关于中部火山，这一点尤其有趣，它的火山通道，在滑向大西洋之前，大概穿越了正长岩的同一个环形岩墙，它是同环形岩墙一起滑落的。我们在面对一个继承的火山作用吗？

这个岛可能与中部火山和 Jandia 的火山同时开始生长（图 4.20），直到重力使两个都消失。人们在讨论这些侧翼塌陷是纯粹的地心引力造成的，还是跟地质构造学有关。有两点对第二种假说有利：第一，岛的西海岸是直线，与岩墙的方向（毫无疑问，是一条构造线）平行，所以有可能是一个重要的断裂面；第二，盾火山的斜坡，没有层火山的斜坡那么陡峭，所以可能盾火山不像层火山那么不稳固。不管原因是什么，这个悲剧都是一个学术佳音：火山坍塌之后，出现了一个 300 平方千米的火山基底，让我们可以从开头把这段历史补充完整。

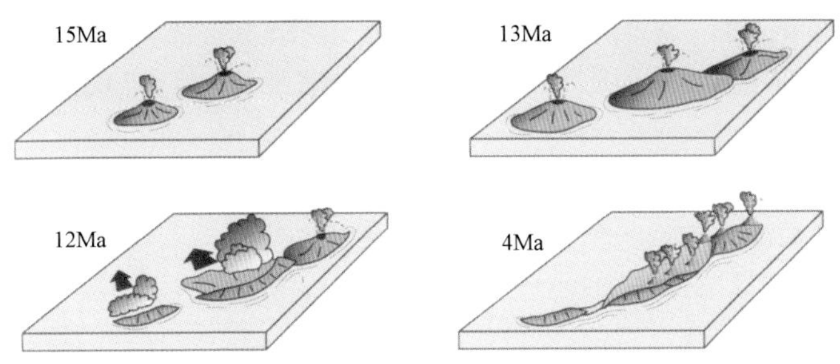

图 4.20　富埃特文图拉岛的演化：Jandí 岛和中央火山的盾火山的形成，然后是北部盾火山的形成；导致火山基底出现的侧翼塌陷；最后，在岛的中部和北部小盾火山和火山渣锥的形成

1700 万年以前，北部的火山取而代之。1200 万年以前，富埃特文图拉岛已经显现出现在的样子，只是没有现在中部坳陷特别是该岛最北端的那些小火山（有一些环绕着重要的熔岩区，Malpaís Grande y Malpaís Chico）。其中一个小火山在半路上形成了 Lobos 岛（图 4.21），被水流席卷的沙子（沙子大部分由细小的贝壳组成）和被风搬运的石灰构成了（沙丘和钙质）这个岛上风景的最后景观，在这里我们可以读到比任何一个火山岛都完整的历史。

图 4.21　Lobos 岛，一个新生成的火山渣锥，摄于 Corralejo 港

(a)

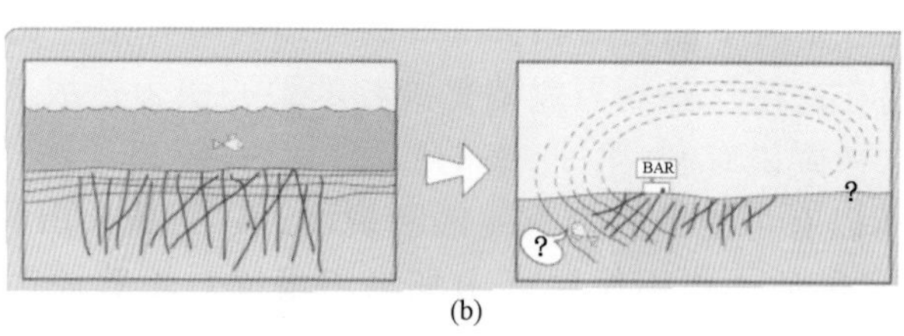

(b)

图 4.22　(a)位于 la Peña 港的火山基底沉积物的细节。每一层都是浊流沉积：浅色物质像砂，深色物质像黏土(虽然板岩外观显示它已经变质，或者说，承受高压和高温)。在一股黏稠液体里，砂走底部，因此先沉积，而黏土缓慢地沉降在它上面。既然这样，那么每一层的浅色物质都应在底部：在上部发现这种物质表明整个系列是翻转的。虽然直观倾斜是 45°，但真正的倾向是 135°；(b)图解

五、地质考察路线

路线 1　从海底到岩浆房

从 la Peña 港到 la Caleta de La Cruz 的火山基底之旅

去往 la Peña 港要取道 Pájara。在同一个港口，从右边与海滩相连的陡坡是一个壮观的火山基底的海底沉积岩的露头(图 4.7)，此外这些岩石也可以证明地层层序倒置这一事实(图 4.22)。向南，走一条渔民的路，这条路建造在钙质层上，覆盖着火山基底的岩墙群(图 4.5)。离 la Peña 港大约 15 分钟的路程，经过一片番茄地废墟并穿过一个小峡谷之后，会看到火山基底后面的小火山(构造)的枕状熔岩(图 4.23)。但最好的观察是火山基底。在众多的岩墙中，这个岩墙群显示了以下现象：

(1)颗粒大小的变化(冷却的边缘,图 4.24)。

图 4.23 新生成火山体的枕状熔岩,位于覆盖火山基底的钙质层之上

图 4.24 有冷却的边缘的岩墙:中心部分(标牌蓝边下端)受到比边缘(字母下部的区域)更为严重的溶蚀。因为边缘由于快速冷却,其颗粒更细,缝隙较少,因此防水性更好一些

(2)岩墙的连续侵入(图 4.25)。

(3)围岩的角砾岩化。这是由于,当飞禽靠近岩浆时溶解在里面,从而减轻了爆炸的压力,因此形成上述现象(图 4.26)。

(4)地质构造作用,比如切变(图 4.27)或由于拉伸产生的厚度变异(*abudinamiento*,图 4.28)。

最后一种情况是一个伸展变形的例子,或者说,可塑变形。在其他情况里产生的断层(脆弱的地质构造），它们切断岩墙群与围岩（图 4. 29）。半个小时之后，经过一个很深的低平火山口之后，会到达一个碳酸盐岩的露头，通过其明晰的颜色及结晶的外观（图 4. 12）以及韧性剪切造成的剧烈形变，可以辨认出该露头（图4. 19）。有时候，围岩变成溶于碳酸盐岩溶液的

图 4. 25　不同时代的岩墙连续侵入同一地区：最古老的是白色边缘（粗面岩）；最年轻的是成斜纹分布的灰色（玄武岩）

图 4. 26　角砾岩岩墙：岩浆气体破坏了围岩

图 4. 27　正长岩岩墙导致辉石岩围岩拉伸变形受到破坏

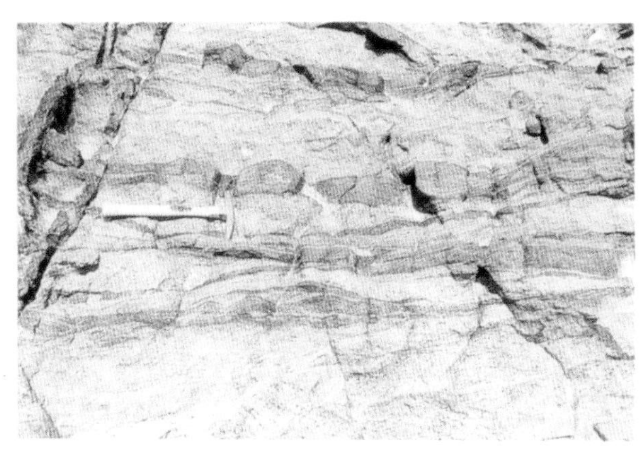

图 4.28　拉伸产生的厚度变异（*Abudinamiento*）：（玄武质）岩墙导致围岩被拉伸变形并变薄

图 4.29　岩墙网上的一个开启的断层，裂缝处被断层作用产生角砾岩（糜棱岩）填充

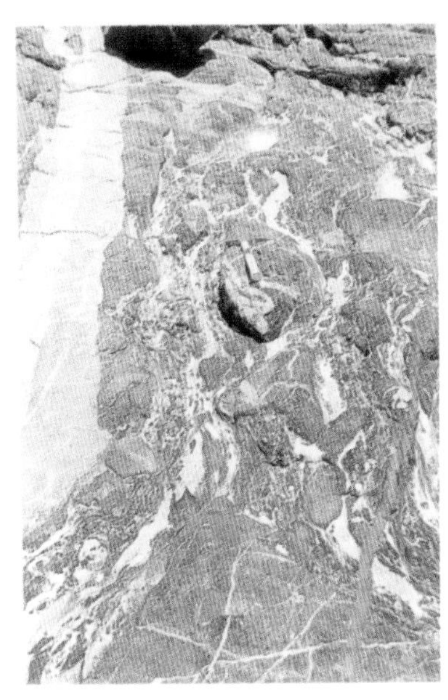

图 4.30　岩石中碳酸盐岩岩脉。中心部分含有早期岩脉，岩脉挤入过程中产生岩石塑性变形

小碎片（图 4.30），这一点与侵入岩的坚硬明显不同（图 4.31），毫无疑问，是向中部火山供应养分的渠道。

在大约 500 米的一段路上，有若干个碳酸盐岩区域。这个路线的尽头有一个大钉状指示物，用来告知人们从碳酸盐岩层的挑檐下行至海滩的路线。

路线 2　一个标志性的粗面岩穹丘

Tindaya 山脉（图 4.32）是一个与北部火山有地质关联的粗面岩—石英穹丘（或者说，流纹岩）。但是，测算出的年龄（1700 万年）过大（这座火山在 1400 万年才开始形成），而且岩石严重变形，那么这一说法也许不太可靠。穹丘表面经历了严重的脱落，这是因温度变化而引起的

图 4.31 碳酸岩脉。它的可塑变形与左边的两块玄武岩岩墙的几何直线明显不同

图 4.32 Tindaya 山脉。尽管它以层状分布，但有大量岩石；山坳在岩浆冷却过程中形成

岩石变形。温度变化使岩石外部反复膨胀收缩，直到与内部脱离。一个采石场（图 4.33）为我们提供了观察大面积岩石扭曲现象的可能，这些扭曲的岩石可能在穹丘的冷却中形成完全的同心环形，这肯定受到压力降低的影响，侵蚀作用使穹丘逐渐摆脱上部岩石的重荷，从而使得压力降低而造成岩石扭曲。

图 4.33 Tindaya 山脉采石场，展示了减压和热对流引起的岩石脱落和擦痕

岩石（变形严重）呈现出环带式的结构，即所谓的指环形或韵律环带（图 4.34），是由于不同的成分（特别是铁）以岩球（在图 4.33 较高部位可以看到其中一个）为始点在岩石内部扩散而形成的。在采石场的最右端可以看到一个断层造成的角砾岩（图 4.35），这是集中的地壳构造运动对该岛的影响留下的痕迹。

图 4. 34　粗面岩上的韵律环带

图 4. 35　粗面岩上断层产生的角砾岩

第五章　大加那利岛:遗失的火山

400 万年以前,一个将近 3000 米高的层火山是大加那利岛的最高点。50 万年之后,最高峰爆炸,它的一侧散落在岛的南部。今天,这座层火山的残体和其他一些大火山已经没有了火山外貌的景观。然而,研究者们继续从它们那里提取证据来证明这些曾经举世瞩目的地质历史。

查尔斯·莱伊尔(Charles Lyell),英国自然科学家,地质学之父,他在 1864 年出版的《地质学原理》一书中提到了大加那利岛上的 Las Palmas 沉积层,他在十年前曾去过这个岛。这些岩石有什么特别之处,可以使其在地质学史上最著名的一本书中被提及呢?它的罕见之处在于它含有化石,这一点雷奥帕特·冯·布赫在半个世纪以前就已经发现。建立关于地球研究的学科之初,自然科学家就意识到精确注明日期的必要性,以此来反驳《圣经·创世纪》的文学读者,来驳斥地球只有几千年历史的观点。很遗憾,这些化石被错误地记录,这是一个持续到不久前才被发现的错误。现在,在最近关于大加那利岛的一篇论文中,已公布了在放射学基础上取得的超精确的 85 个年代,拉帕尔玛岛上的化石变化程度无论作为一个环境指示器还是作为掌控该岛纵向升降的途径,均让我们感兴趣。

大加那利岛和特内里费岛共同保持了整个群岛的爆炸记录,这也意味着毁坏了的火山构造的记录。虽然这些过程使美妙的景观成为废墟,但对于火山学家来说是一种运气,这样他们就可以接近火山的根源去解读这段演化的完整历史。

一、地　　貌

从远处看,大加那利岛像是一个在海上休息的士兵的盾牌。从太空看(图 5.16),其形状近似于圆形,可能几乎完美到没有凹陷、凸起,所有这些都有它的原因。那些最明显的凸出部分属于 La Isleta 岛,位于东北部,是一个通过长条砂体与大加那利岛相连的火山岛。Maspalomas 岛,一个喷发火山锥,是一个沉积了 Fataga 峡谷流域冲积物的河流三角洲;是岛上拥有的众多、如今已干涸的河道之一,这些河道就像是自行车轮上的辐条(图 5.1)。

图 5.1　Maspalomas 岛的突出部分:一座城市化的河口三角洲,右边依稀可见现代海洋的杰作,已经形成了一片沙丘

图 5.2　AdènVerde 的山崖,在西北海岸。可以看到大加那利盾火山内部。虽然其形成过程迅速,但红赭石(箭头)标志着活动过程中曾有很长的中断期

图 5.3　Mogàn 港,板状玄武岩山崖下的一块磨蚀台地。图 2.8 中看到的一个古老的磨蚀地台,现在已升高,在该岛北部

最主要的入海口在西北部,位于一个叫做 AdènVerde 的陡峭海岸(图 5.2)。峡谷到此戛然而止,一落千丈,但是没有磨蚀的地台痕迹(在岛的其他地方也存在这一现象,图 5.3),所以并不使人觉得悬崖是因海浪的反冲力形成的。

此外,考虑到有的峡谷被峭壁截断,有人认为:AdènVerde 是重力滑动的开始部分。而其他一些迹象也支持了这一假说。例如,这一地区存在许多古老的断裂,还有一些刚刚形成的新的断裂面(图 5.4)。现在只能期待未来的海底测绘学研究来证实这一设想。

但是,为了研究大加那利岛的非火山特征,我们应该远离那些海岸。Tirajana 凹陷(Tirajana"破火山口"是它传统的名字,为了避免同真正意义的、塌陷了的火山口相混淆)是一个5×12平方千米,超过 200 米深的"碗",位于同名峡谷的发源地(图 5.6)。

这一凹陷是多达 28 处重力塌陷的结果(图 5.5),但峭壁是被水冲刷而成的,这意味着群岛在过去的某些时期里雨水非常多。Tirajana 的峭壁和凹陷,不到 60 万年以前形成(也许只是 12.5 万年),它们是气候不同的一个证据。峭壁的入海口构成了该岛东南部另一处海岸突出的部分,即河口三角洲 Juan Grande。

图 5.4　Agaete 港口的西北海岸悬崖。中部的箭头指向一个勺子形状的断裂面，它可能在未来形成滑坡；在右面，一个三角形的陡坡记录了前一次滑坡运动留下的痕迹

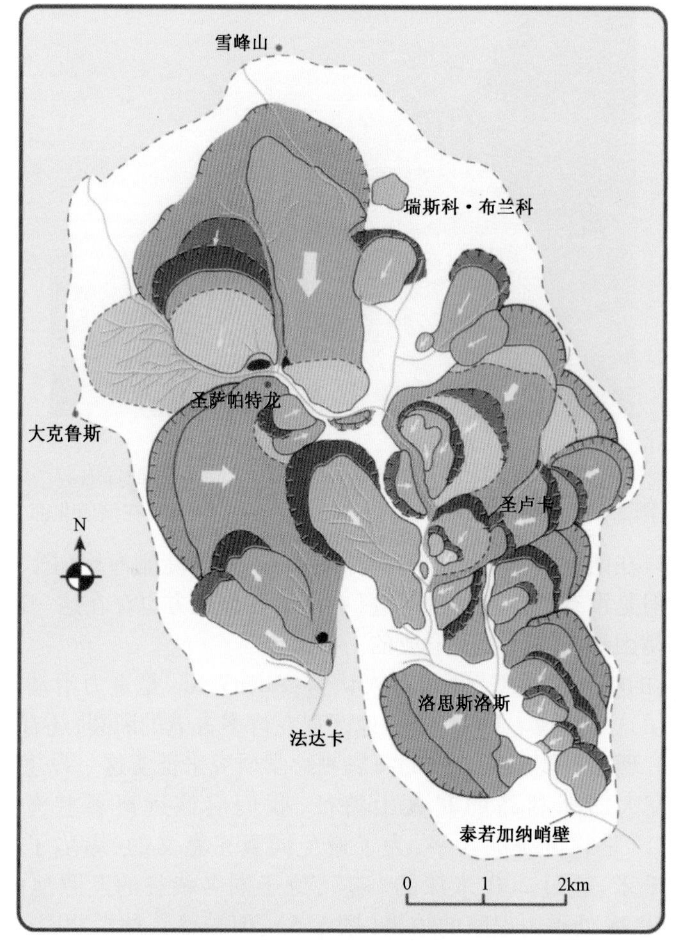

图 5.5　位于 Tirajana 凹陷的岩层倾斜图，标有最重要的城镇及文中提到的位置。箭头指出滑坡的方向。T 字标志落下的石块。Cruz Grande 和 Risco Blanco（意为白色巨石）组成了大加那利路线 3（据 Lomoschitz，1997）

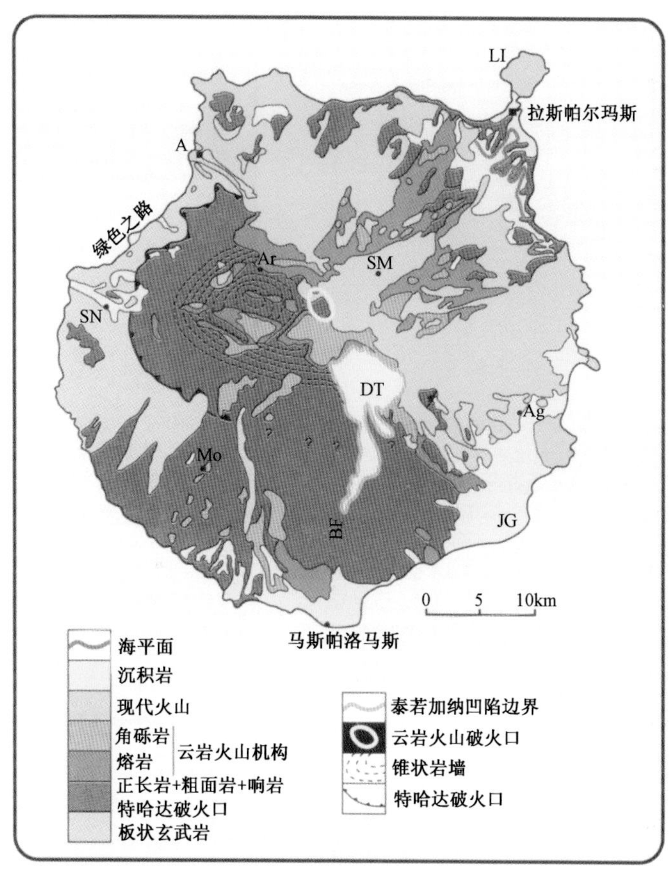

图 5.6　大加那利岛地质图(据 Pèrez Torrado 和 Mangas,1990)。A:Agaete; Ag:AgüimesAgüimes;Ar:Artenara;BF:Barranco de Fataga;DT:Depresiòn y Tirajana;JG:Delta de Juan Carlos;Li:la Istela;Mo:Mogàn;SM:San Mateo;SN:San Nicolàs(均为地名)

二、地 质 单 元

除已描述的沉积现象外,在该岛的地质图(图 5.6)上显现出四个基本单元:板状玄武岩,Tejeda 破火山口的粗面岩—正长岩—响岩的杂岩体;熔岩;Roque Nublo 火山角砾岩以及近期熔岩。

从峡谷的岩层倾斜(图 5.7)和岩墙的辐射状分布来看,板状玄武岩的厚度超过了 1000 米,好像已成为了有若干个中心的大盾火山的一部分。这其中,有些中心曾经位于现岛屿西北部,而该岛(Agüimes 地区,见地图)东部露头的次要板状熔岩是否属于同一个火山却并不明显。

图 5.7 从 Agaete 去往 San Nicolàs 的公路上的板状(结构)系列。岩石向东倾斜(图中左边)表明,它们源自该岛东部的喷发中心。上部岩石是响岩熔岩,与玄武岩的岩浆不同

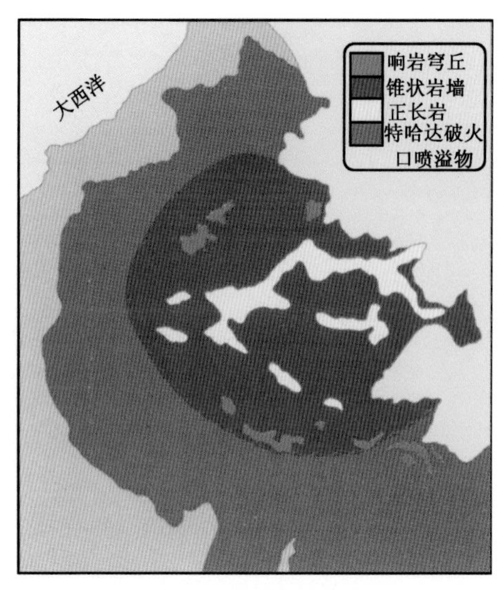

图 5.8 Tejeda 破火山口根源示意图。不管是正长岩还是响岩穹丘都大致遵循一条圆形路线(据 Hernàn,1976)

该火山形成于很久以前,大约在 50 万年以前,这一剧烈运动之后是不间断的大规模岩浆喷发,不同的岩石形成于不同的岩浆:粗面岩,正长岩,响岩和流纹岩[注:流纹岩(花岗岩的"火山版本")在加那利群岛很少见,说明它的岩浆常常没有足够的二氧化硅:这很有可能反映了这种化合物在岩浆房中某个部分的聚积,被气体所运移]。很有趣的是,如果盾火山形成的过程迅速且平和,那么以上所提到的岩浆喷发则是慢腾腾的(持续了 700 万年),而如果该过程非常剧烈,则产生各种可能的混合岩或者火山岩:正长岩深层侵入岩体(图 5.8 与图 5.9b)、由多达一千个锥状岩墙构成的岩体群(图 5.9)、粗面岩与流纹质熔结凝灰岩薄岩层(图 5.10),以及响岩的所有变体岩(图 5.11),包括众多岩石,板状岩石和穹丘。所有这些岩石都是从一个名为 Tejeda 的破火山口喷发出来的。

大加那利岛第三个重要的岩层单位与前一个不整合接触(图 5.12)。熔合程度低的玄武类熔岩形成了基岩,这些玄武质的熔岩被一个大约 600 米的角砾岩层(含响岩混杂岩)(图 5.13)所覆盖,因为这些碎片不是连在一起的,那它就是一种非典型的熔结凝灰岩,毫无疑问这是由低温喷发造成的,正如其中包含的植物遗迹所表明的那样。"Roque Nublo 角砾岩"这

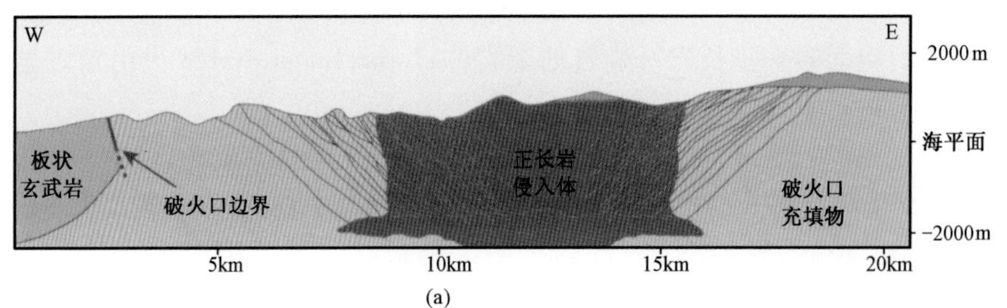

(a)

(b)

图 5.9 Tejeda 火山口的锥状岩墙。(a)理论图解(据 Schirnick 等 ,1999);(b) Tejeda 峡谷的岩墙(左部和中部)。它的严重倾斜使许多研究者迷惑不解,误以为是一个下落的构造。在右边近景中,是一个正长岩深成岩体;往上(中部和左部),Roque Nublo 的熔岩和角砾岩

图 5.10 清晰火焰状的流纹质熔结凝灰岩,浮岩的熔结碎屑

(a)

(b)

图 5.11 响岩。(a) Acusa 地区 50 m 厚的岩石;(b) Fataga 峡谷的板状系列(岩石)

图 5.12　Roque Nublo 单元(底部是熔岩,上部是角砾岩薄层)与 Tejeda 破火山口的锥形岩墙呈明显的不整合,并位于其上。同图 5.9b 一样,本图视线向南,通过对比可以证实:由于锥形几何学,岩墙的倾斜方向已经改变

(a)　(b)

图 5.13　Roque Nublo 火山角砾岩。(a)典型外貌:厘米级至毫米级岩块"漂浮"在随炽热流体循环而变硬的母体"火炉之坝"上。(表明它在高浓度环境中流动);(b)非典型外貌,可以证实角砾岩是熔结凝灰岩:已在高黏度流质中变形的岩龄较短的浆源碎屑。请注意,石英(黑色斑点)大量出现,表明结晶现象在岩浆房里已经很普遍,这对于分异程度很高的岩浆来说是很正常的

个名字的由来要归因于她最著名的遗迹(图 5.14),一个靠近 Tejeda 火山口的火山(Roque Nublo 层火山,参见本章路线 3)。Roque Nublo 角砾岩体被放射状的峡谷网所切割,绵延大约 20 千米,在距角砾岩体很远的地方,延伸开来变成火山泥流。南部的一些露头呈现出大滑坡的遗迹,这大约是在该火山演化的最后阶段发生的。

介于前面两个单元之间,但部分地与 Roque Nublo 的物质混合,在该岛的东北部沉积着岩屑沉积物和含化石的沉积物,这些沉积物在前言中提到过。这一整体被称之为 Palmas 台地,至少部分地(化石分异度)属于大约 100 米高的海洋台地。

图 5.14　Roque Nublo:剥蚀后残留的一个巨大的角砾熔岩体

图 5.15　Los Marteles 的破火山口,它是位于大加那利岛中部的一个水下火山作用形成的近期火山口

最后,几乎紧接着 Roque Nublo 最后的喷出物(图 5.36),最后一座大火山形成于该岛东北处中部,其外形是半个火山渣锥斜倚在爆炸性的大火山遗迹上。它之后的火山,连现在的火山都同属于同源小火山群。其中一些蒸气爆发形成破火山口(图 5.15,图 5.31—图 5.33)。大加那利岛最后一次有记录的喷发是对 Montañòn Negro 的记录,这是一个位于 San Mateo 东部大约 2 千米的一个火山渣锥:这次喷发发生在 3500 年以前,根据火山学的知识,这意味着大加那利岛至今还是一个活火山岛。

三、构　　造

大加那利岛的地质构造是人们争论较激烈的问题,这些争论我们已在本书第二章里论述过。这一事实不是偶然的,而是很大程度上建立在这样的基础上:这个岛古老的火山作用的独特方式。在岛的西南部,古老的火山作用占绝大部分,现代的火山作用仅限于东北部。这一不对称现象为该岛的最早研究提供了证据,即有关古加那利和新加那利的最早研究。后者(新加纳利岛)被假想沿着一个断层下陷,而该断层由西北至东南的线路横穿该岛。现在,当加那利群岛上一种重要、活跃的地质构造的存在已成为不容置疑的事实时(见第二章),就是我们对大加那利岛上的假说断层的真实性进行思考的时候了。

卫星图像允许我们画出线状构造的客观地质图(图 5.16)。在这个领域,一些线状构造代表了断层的典型特色。但除此之外还存在其他细微而明显的迹象:

(1) Tejeda 破火山口的椭圆形状。塌陷的破火山口常常接近圆形,除非一个大的断裂面影响它的形成,那么在这种情况下形成椭圆形,该断裂面则作为最大的中轴线。除此之外,正如可以在图 5.16 中得到印证的,这个东—西中轴线是岛上最清晰的线状构造之一。

(2) Roque Nublo 爆发形成的破火山口的椭圆形状(图 5.17,图 5.18),这是重力异常形成的形状。

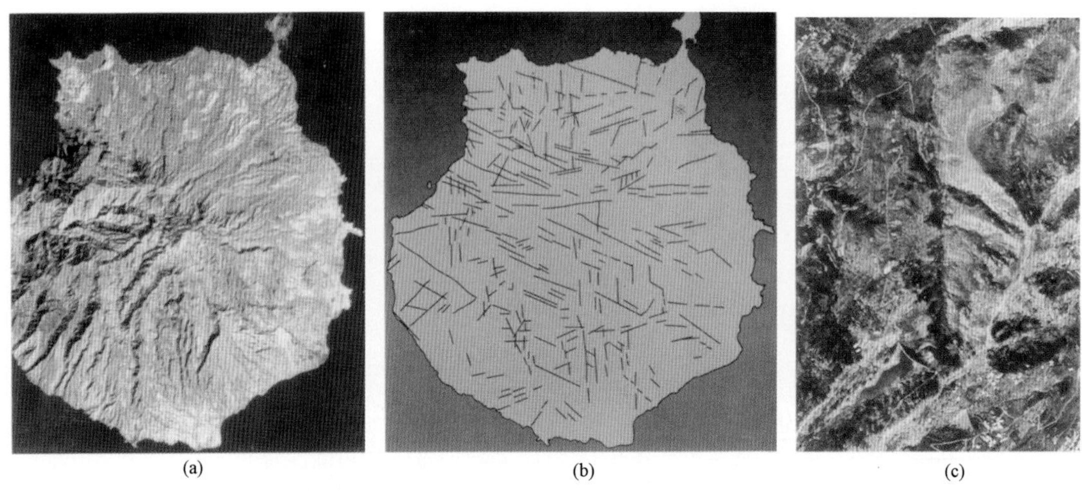

图 5.16 (a)大加那利岛的卫星图像;(b)解释的线状构造:假说最主要归结于断层;(c)线状构造(被 * 标记)的俯瞰照片

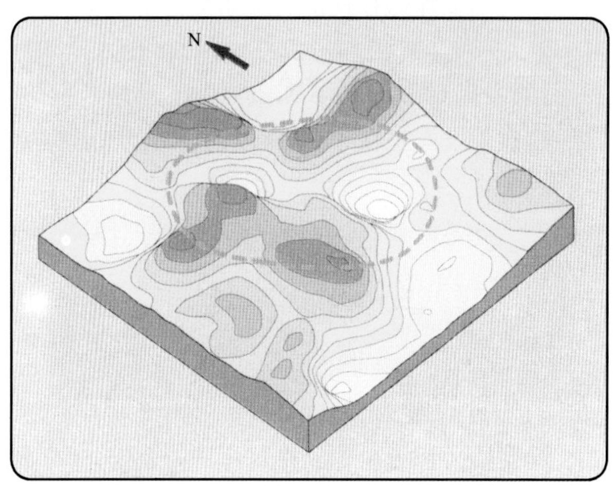

图 5.17 Roque Nublo 爆发形成的破火山口,包括两个西北—东南方向上并排的凹陷,正如在该三维图中可以看到的,它反映了该地区的重力情况。破火山口充满了沉积物,这(由于其低密度)表明了它的重力最小(据 Anquita 等,1991)

(3)近期火山锥的排列(图 5.18),使假说断层的中央部分显著,该断层将新旧加那利岛分开。

(4)与该岛大峡谷走向一致的线状构造,如 Fataga、Tirajana、Guiniguada 或 Mogàn 的峡谷。

这些迹象同这个岛垂直方向上的不稳定性的迹象联系在一起,枕状熔岩、海洋阶地及化石层(见大加那利路线 1)表明岛的北部已经升高,但在南部没有下沉的征兆:喷发形成火山锥和

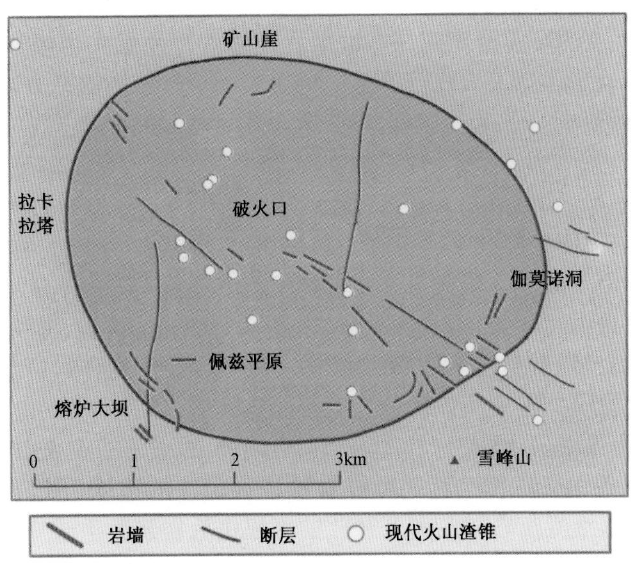

图 5.18　火山锥断层、岩墙及断裂在西北—东南方向上穿越 Roque Nublo 体系的古老破火山口(据 Anquita 等,1991)

磨蚀台地继续在海平面以上。于是呢?将岛分成两部分并不难以想像,但为了确信这一点或其他地质构造的进展,应深入研究这一目前忽略的课题,以便掌握岩浆活动规律。

图 5.19　1400 万年以前在大加那利岛中部开始爆炸式喷发的“混杂岩石”。左边,粗面岩;右边,玄武岩。绿色归因于这种改变

四、大加那利岛的演化

有两方面使大加那利盾火山在群岛上的其他同类火山中显得较为突出。第一点是它的形成速度快:据考证,最早的峡谷于 1450 万年以前喷发而成,最后在 1400 万年以前,也就是说 50 万年中,它得以上升成为 1000 立方千米的大火山体。第二点有趣的地方在于它的岩浆房,玄

武岩没有枯竭,反而另外储存了350立方千米(或者说,一个73立方千米的体积)。它们在岩浆房里预先沸腾,从而在500多万年间在举世瞩目的爆炸性喷发中像喷发其他异质的岩石一样喷发这些玄武岩。岩浆建造大火山时的匆忙转变成了一种缓慢的怒火,根据留下的记载,在1400万年到850万年之间,一次又一次地,这怒火毫不含糊地将该岛夷为平地。

1400万年以前(更精确地说,是1395万年±2万年),出现了坐落在现Tejeda峡谷上的一个喷发中心,离今天庄严的Roque Bentaiga(图5.39)很近。一种非结晶物质散布在整个大加那利岛中部,该物质与粗面岩浆及玄武岩浆混杂在一起。这是一个巨大的喷发,以其一半的效力,用纵深30米的火山灰覆盖了至少三分之一的岛屿。这种"混杂岩石"(图5.19)是一种混合了两种岩浆的岩浆房:如我们在第一章所见,这是一个爆炸的情况,其中最热的近期玄武岩浆搅动更黏滞的异质岩浆,引起岩浆房断裂和部分变形。这种复合岩石易碎(是一种来不及结晶就快速冷却了的物质),这说明该现象是粗暴而迅速的:45立方千米的岩浆很有可能在几分钟之内喷发,岩浆房顶塌陷,形成一个20×35平方千米的塌陷的破火山口。

在San Nicolàs通往Mogàn的公路上可以看到破火山口的边缘(图5.20),那些板状玄武岩被粗面岩或流纹质熔结凝灰岩(注:离开开放的岩浆房后岩浆发生改变,呈"蓝色"。这种颜色归结于黏土矿物质和无氧含铁云母的存在。形变集中在气体流动最快的地区,比如破火山口边缘)所覆盖,这两种物质代表破火山口内部的填充物。接下来的300万年里,熔结凝灰岩不断填充火山口,而且随着塌陷的加剧,其填充的趋势从未停止过。1200万年以前在岩浆房基础上侵出了小型正长岩深成岩体:也许形成了像富埃特文图拉岛一样的环形岩墙,但这在几何学(插图5.8)上并不明朗:也许只是一个简单的穹丘。在同一时期,既然已经开始了锥状岩墙结构(图5.9,图4.13c)的侵入,那么重复的(建设性的)进程看起来赢得了这场战争,想必那些围岩与穹丘顶升高到了2000米。这一疯狂的阶段产生了破火山口:从那时起,在接下来的两百万年里,喷发物(首先是熔结凝灰岩,后来是响岩)溢出穹丘,漫延到整个岛屿,从北海岸和南海岸入海。850万年以前,几乎整个大加那利岛都被响岩所覆盖,但最后Tejeda火山体持续喷发的岩浆房好像枯竭了,虽然它在随后的几百万年里还在喷发。

(a)

(b)

图5.20 在San Nicolàs通往Mogàn的公路上,Los Azulejos是Tejeda塌陷破火山口的边缘。(a)左边,下方,板状玄武岩;它们上面,是被溢出破火山口的炙热气体改变的熔结凝灰岩。岩层尖灭意味着漏斗状的破火山口的边缘伴随着内部填充继续下陷,因此内部有很大的坡度;(b)地层的其他方面,不仅存在与板状玄武岩的不整合,而且还存在内部不整合

在这样的喧闹过后,在这个岛上出现了400万年的沉寂,剥蚀的力量挖掘出了Tejeda破火山口,并向我们呈现出一个大的剥离到其底部的火山构造体。当火山活动重新开始时,这种挖

掘作用在中部重新开始,但与之伴随的是玄武岩浆安静的喷发,很明显这是原生的玄武岩浆,是一种新的主要岩浆,而老岩浆显而易见已经变化。然而,在大加那利岛上这种快—慢的游戏后,现在轮到它加速了:仅仅100年后,这一轮新的岩浆(200立方千米)喷发不仅没有耗尽,反而将已有的大火山体的痕迹弄得很模糊以至于直到1990年才被认出来。Roque Nublo大火山体从450万年持续到350万年:它用一些熔岩建造,尤其是已描述过的熔结凝灰质角砾岩。Roque Nublo角砾岩体包含的大量碎片仅仅意味着每次喷发都重新打开火山通道,这一事实由于岩浆的黏滞度很令人不可思议,因为每次喷发之后会重新堵塞火山通道。而对于它,爆炸性喷发暗示这是水下火山事件:湿润的气候(角砾岩中包含的丰富植物表明这点)意味着存在丰富的地下水,它们将被岩浆的爆炸所气化。气化之后,岩浆冷却(从900°~300°,这是响岩岩浆的典型温度),这增加了它的黏滞度:可能没有喷发柱(这解释了以下现象,即角砾岩薄层不在高温碎屑流之前移动),有的只是潮湿、黏稠的火山碎屑,被峡谷网所疏导,在终点处变成了火山泥流。

Roque Nublo火山锥体在侧翼塌陷掀开它的西南侧之后(火山口的碎片溅到20 km远处),它的山顶在一声巨大轰鸣之后腾空而起,留下了一个大凹陷(我们将在大加那利路线3中看到),在它里面曾短暂存在过一个火山口湖,而现在留给我们的是火山口湖的沉积物。

关于这些沉积物,我们找到了岩浆最后喷发的熔岩,这些熔岩在最后300万年形成,这期间只在一些蒸气岩浆破火山口有爆炸(图5.21)。不管怎么说,频繁的蒸气爆发火山作用(Bandama与losMarteles破火山口,Gàldar蒸气岩浆火山)似乎说明至少在该岛的中部和东北部气候湿润并且存在浅层地下水。

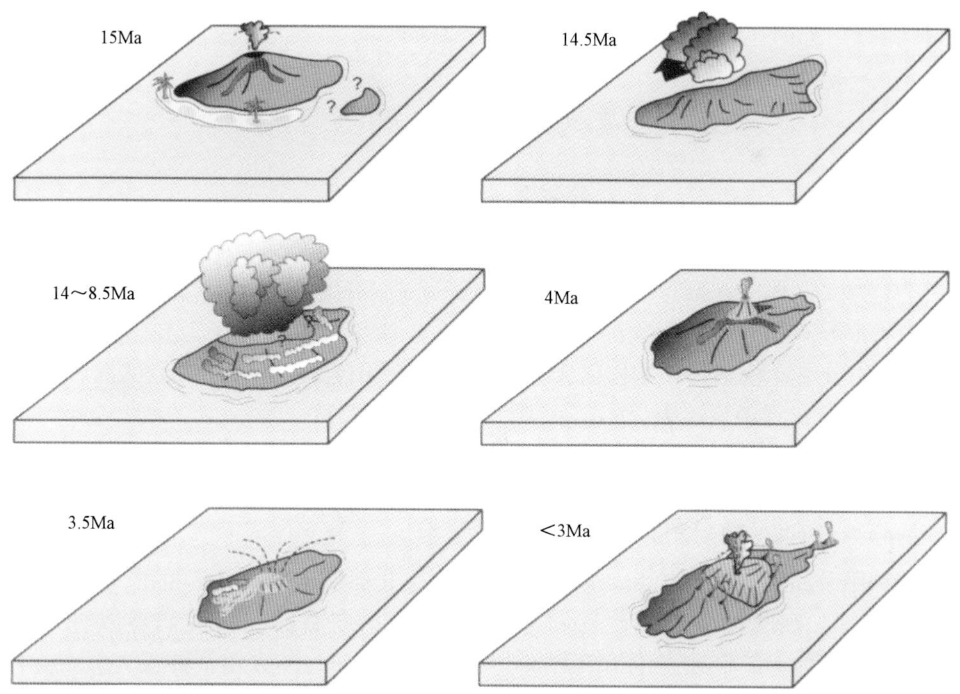

图5.21　大加那利的演化。盾火山的局部建造与毁坏,Tejeda破火山口(CT)的起源,Roque Nublo(RN)火山整体建造与毁坏以及近期火山作用

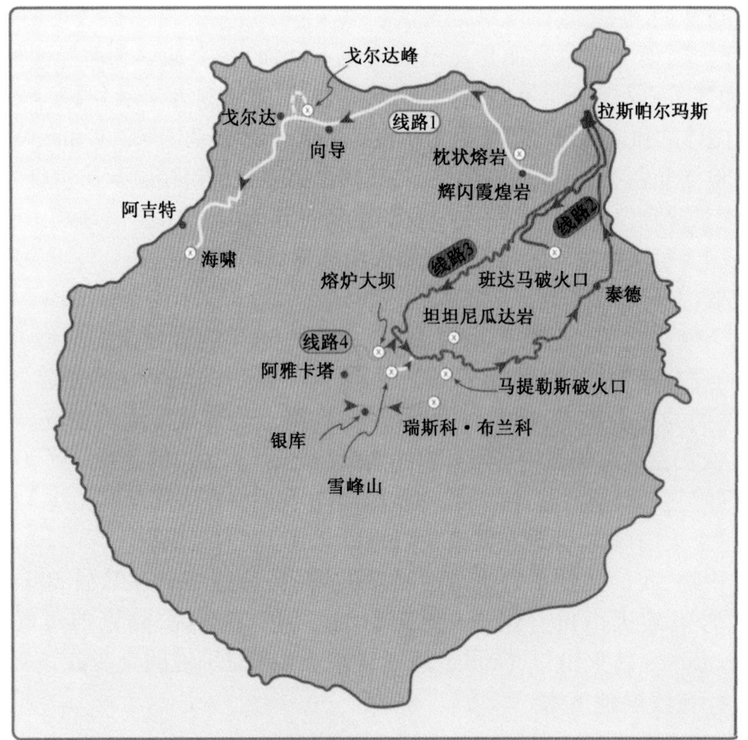

图 5.22　地质考察路线图

五、地质考察路线(图 5.22)

路线1　北海岸

沿水路穿越北部海岸

通过公路从 Las Palmas 前往 Tamaraceite(10 千米)。可以观察到:

(1) 海平面与火山岩块沉积物的对照(图 5.23)。海平面由沙子、(含有机质的)腐泥及黏土(黏土呈白色,分层清晰,来源于响岩化合物粉末)形成,火山岩块沉积物在峡谷入海口处沉积。

(2) 海平面被枕状熔岩覆盖(图 5.24,图 5.25),其主要特征是:

枕状熔岩形状大小不一,这表明熔岩流的多变性:黏稠的熔岩流产生较大冷却单位;

射线状裂缝,因冷却过程中体积缩小而形成;

易碎的碎片(所谓的玻屑岩),存在于枕状熔岩中。

我们继续沿公路前进,穿过 Tenoya 和 Arucas,到达北部位于 Bañadero 的电动轨道机车,再到达下一个路标。在我们所处的位置和 Gàldar 之间,沿向右的路口我们得以进入 Pico de Gàldar。从 Las Palmas 看,这些锥体(图 5.26)与泰德峰(Teide)的火山锥体很类似。为什么一个火山渣锥升高到 434 米并且坡度很陡峭呢? 对火山渣锥附近的分析给出了答案:虽然由火山碎屑组成,但熔结得很好,此外,有火山灰层。这些火山灰层,如我们在第一章看到的,是典型的(蒸气岩浆爆发)火山作用的产物。像 Roque Nublo 角砾岩现象的生成一样,这里也涉及炙热气体,这些气体既来自水蒸气也来自岩浆房,它们引起了火山碎屑物质的变硬。

图 5.23　Las Palmas 阶地上的枕状熔岩。下面是在峡谷入海口沉积的岩石,(中部)被海面的白色层状物覆盖,在其内部左方的交叉层状结构很突出(层状结构被切割),这归因于海浪。在高处,大小不一的枕状熔岩,包含着一块从岩石前面脱落的碎片。与图 4.8 对照

图 5.24　在这张图片里可以观察到射线状的断层(地质锤上方的单元)。在它左边是玻屑岩(能够分辨其中的小碎片),是熔岩接触到水炸裂而形成的

图 5.25　一块大的平面上的枕状熔岩表明该熔岩未经过过多冷却就进入水里

图 5.26　从 Guìa 位置看到的 Pico de Gùldar

图 5.27　剥蚀使 Pico de Gàldar 暴露。注意岩浆变硬阻止了碎屑层的滑行运动

图 5.28　Pico de Gàldar 的碎屑间的火山灰揭示了其蒸气岩浆爆发的起源

图 5.29　海啸沉积的通常外观，它是大陆坡底部地块与海平面交汇之处

图 5.30　沉积细节。箭头指出丰富的珊瑚碎片

我们重新回到去往 Agaete 的公路。一路上再没有岔路口，第一个右拐弯之后，将在公路旁的斜坡上发现一处碎石混浊沉积外观（图 5.29），来自海滩的圆形石块中可以观察到珊瑚礁的遗迹（图 5.30）。毫无疑问，在这个海拔 100m 的沉积物上积累了沿岸沉积岩和较浅下陷地层的遗迹。唯一能解释它在此地出现的现象就是海啸，在一次巨大的海震中形成的大浪。而地震根源可能是火山作用、地质构造或地心作用。海啸在加那利地区并不陌生，在大加那利岛周围存在着许多潜在爆发的可能，表现为海底喷发、海底变形的断层或者特内里费的一次灾难性的崩流等形式。就这样我们结束了这段沿该岛北部海岸的路线，这段海岸在海洋与火山环境的相互作用方面信息丰富。

路线 2　破火山口

Bandama 凝灰岩环

Bandama 的破火山口，距 Las Palmas 仅 15 千米，它的结构近于“凝灰岩环”（tuff ring，见

图1.16),是在超爆炸过程中形成的结构体,在这一结构中进入的气体既有岩浆气体也有地下水沸腾产生的水蒸气,并且后生的物质贡献很少。凝灰岩环以其高度较低为特色:严格说来,它不是火山体,而是由指环形状的火山碎屑形成的“围栏”。在直径1000米、深度200米的Bandama破火山口(图5.31),我们可以看到详细的结构(图5.32及图5.33):交错层理结构揭示了由火山碎屑冲击而成并与明显沉积的火山灰一起改变火山砾的若干平面。喷发的威力同样也由火山弹的丰富程度反映出来,但火山弹并不是由后生的物质组成的,而是由岩屑组成的,这暗示出火山管的强烈喷发,火山管作为一个排气口,向大气排放气体。现在的火山机构展现出丰富的大地构造痕迹:基底岩石由于断层作用变得很不平坦(图5.34)。

图5.31　从眺望台看到的Bandama破火山口,早于蒸气爆发的岩石与蒸气爆发的喷发物(坡度小于底部和左侧的斜坡层)都很明显,这些岩石是响岩熔岩形成了垂直的陡坡

图5.32　Bandama是由火山灰和火山砾组成。正如在Pico de Gàldar,高温流体使一些物质(例如,上部的陡峭层)变硬

图5.33　在碎屑喷发中形成的火山灰层:被侧翼喷发高速排出的碎片,留下了断裂面(箭头处,交错层理)。靠近锤子处,一个捕虏体证实了火山通道的喷发

图 5.34　破火山口形成前的岩体（来自 Tejeda 破火山口的响岩）呈现出错位（中部，红色箭头）和平滑的陡坡（底部，黄色箭头）。两种结构均显示了在破火山口的形成中断层所发挥的作用

路线 3　层　火　山

如在图 5.35 中所见，峡谷左边的山坡由厚的、基本水平的 Roque Nublo 角砾岩层组成；在中部，角砾岩薄矿层几乎垂直（图 5.36）；最后，在右侧，角砾岩消失，在它的位置（图 5.37）上有一个巨大的多砂沉积物，在其上部，是新生成的玄武岩。对这一剧烈变化最好的解释就是，我们处在 Roque Nublo 的同一个火山口上，而它现在被水平沉积物所占据。在火山岛上斜坡较突出的位置，细小颗粒的水平沉积物常常意味着此处有一个占据凹陷的湖泊，在火山爆发中，破火山口和爆发火山口的形成是很频繁的。实际上，这些沉积物具备湖相沉积的典型特征。

图 5.35　Culata 峡谷的简略剖面图。西坡的角砾岩在东边完全没有，这暗示曾有一个将它们破坏了的灾难性地质事件发生过。1 和 2 是 Roque Nublo 角砾岩，3 是湖相沉积，4 是后 Roque Nublo 玄武岩

为了到达 Pico de las Nieves，这一由 Roque Nublo 角砾岩构成的岛上最高点（1949 米），我

图 5.36　位于 Culata 峡谷中部,几乎垂直的 Roque Nublo 角砾岩层(箭头处)。底部的水平岩层是晚于 Roque Nublo 火山生成的玄武岩

图 5.37　Culata 峡谷的东坡。内部(蓝色箭头)倾斜的岩层是一个火山渣锥。中间的(红色箭头之间)是细微的沉积物,可能是湖相沉积。上部是新生成的玄武岩,大加那利岛最后一座火山的起源

们重新回到公路上。从那里我们可以重新审视这一构造体:在这一点上(正好位于 Tirajana 凹陷的边缘,在本章开始提到过),角砾岩向南部倾斜,似乎低于 Roque Nublo(图 5.38);但我们同样也可以在地平线上看到火山的北侧,在这里角砾岩向北部倾斜;在它们之间的 Roque Bentaiga 地区,向西部倾斜(图 5.39)。总的来说,如图 5.44,岩层的倾斜是辐射状的,就像是剧烈倾斜的火山体的斜坡。根据这些斜坡大致估算 Roque Nublo 火山体的高度至少在 2500 米。但是最有趣的是,中部地区没有角砾岩的痕迹:图 5.38 中的小平原由新生成的玄武岩组成,它们下面是我们刚刚在 Presa de los Hornos 看到的沉积物。其中一些晚于 Roque Nublo 火山生成:如果我们发挥想象力,眼前会浮现出先前曾经存在的、再往上数百米在火山顶形成的大洞。所以,很有可能,Roque Nublo 火山在一次大的喷发结束之后,产生了一个破火山口,一个暂时的火山口湖侵入其中:我们还记得有许多迹象表明,该时期气候湿润。

喷发结束前不久,滋养 Roque Nublo 火山的岩浆房黏滞度升高,使得岩浆无法流动并堵住

图 5.38　从 Nieves 峰顶看到的大加那利岛的顶部，这是它的最高点。从左到右依次是：Roque Nublo（RN）独石碑，在它下部可以看到向左倾斜的岩层（南部，箭头）；Culata 峡谷（BC）；el Roque Bentaiga，在后图中配有插图；la Pez 平原（LP），由新生成的玄武岩组成；los Risco de Chapìn（意为巨石）（RC），Roque Nublo 火山的北部，由向北倾斜的角砾岩组成

图 5.39　位于 Tejeda 峡谷的 Roque Bentaiga，是 Tejeda 破火山口的锥状岩墙的中心。6Ma. 年之后，形成了 Roque Nublo 火山的一部分。注意岩层向左（西部）的严重倾斜

了火山道，形成了穹丘。在火山体周围有数十个穹丘，但最引人注目的是 Risco Blanco（图 5.40）和 Los Roques de Tenteniguada（图 5.41）。

图 5.40　Tirajana 的白色巨石,是一个与 Roque Nublo 火山体联结在一起的响岩穹丘,形成于 390 万年以前

图 5.41　从 Cazadores 公路看到的 Tenteniguada 的 Roque Grande,靠近破火山口 Los Marteles

路线 4　侧 翼 塌 陷

从 Presa de los Hornos 到 Ayacata 下坡的公路上,可以观察到,(位于独石碑正下方的)Roque Nublo 角砾岩呈现出一种奇怪的构造,这种构造就像是马上就要倒下的“多米诺骨牌指示卡”(图 5.42)。近距离检视,这些几乎垂直的面具有断层的一些特点(图 5.43),像是平行的擦痕。问题是:为什么这些角砾岩不像其他的那些是分层的呢? 还有,那些垂直面意味着什么,那些擦痕是怎样形成的?

图 5.42　在火山体的侧翼塌陷中移动了的 Roque Nublo 的角砾岩外观。从 Presa de los Hornos 到 Ayacata 的公路旁

图 5.43　Roque Nublo 角砾岩底部的擦痕,位于图片下部左侧。注意(箭头)存在几个方向上的擦痕

答案是,Roque Nublo 火山体的西南部分,在演化的最后时期,经历了一次侧翼塌陷(图 5.44),这次塌陷破坏了它的结构:崩塌最远的部分接近南部海岸,但即使没有移动多少的也经受了压力,这种压力破坏了它的层状结构并产生了断层。

图 5.42 中的陡坡是塌陷岩石的其中之一,图 5.43 中不同方向上的擦痕证实了这次运动。

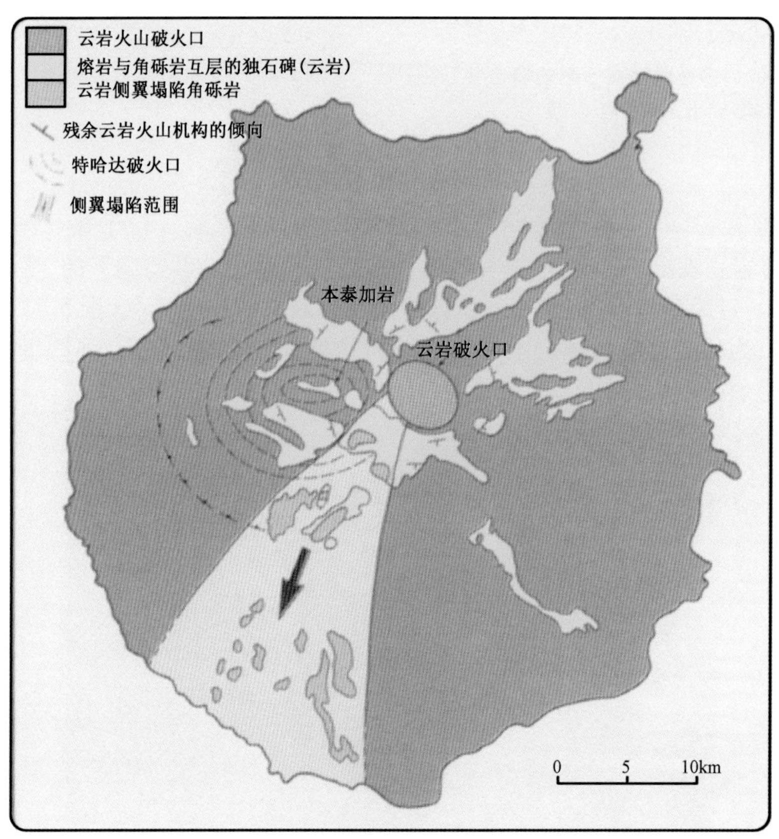

图 5.44　Roque Nublo 火山体局部图,它在演化的最后阶段经历了一次侧翼塌陷(据 En Carcìa Cacho y otros,1994)

最后，如果我们沿着 Ayacata 到 Bartolimè 的公路继续前进，停在 Casas de la Plata 这一高度（距 Ayacata 大约 6 千米），我们将看到（图 5.45）原址与经历侧翼塌陷之后的现址处角砾岩之间的对比。如果我们敢上到陡坡底部，将看到接触点同样有擦痕，这是 350 万年前发生的一次大规模事件在岩石上留下的痕迹。

图 5.45　在 Ayacata 到 Bartolimè 的公路上，从 Casas de la Plata 处看到的 Roque Nublo 角砾岩的前侧。左边的巨石，属重力塌陷的部分；右边层状结构的巨石，属于牢固的火山体的一部分。在接触点（箭头处）上，滑行运动产生了擦痕

第六章　特内里费岛:巨大金字塔

人们认为该岛从海底3500米深处升起,它达到了超过7000米的高度并具有24000立方千米的体积。就高度而论,该岛是世界第三大海洋火山体。

从地质学观点来说,也许特内里费缺少的是清楚地代表该岛海底建造时期的岩石。然而,该岛提供了大量的关于火山、地质构造及地貌学问题的优秀实例。例如,在该岛底部存在的火山体是两个还是三个?为什么在特内里费岛火山运动产生的构造中轴线尤其引人注目?数座连续的大型层火山在岛中部出现的原因是它们本身吗?说到Circo de Las Cañadas椭圆形平坦凹陷,追溯到19世纪初它就已成为一个争议中心,只是近来人们好像才开始解决这一问题。但解决这一问题却又发现了另一个问题:那些反映大崩流上的破坏时期为什么会将它们最清晰的痕迹准确地留在特内里费岛上?总之,这是一个拥有独特地质学特点的岛屿。

一、地　　貌

该岛是围绕中央大火山(Cañadas火山体)而形成的,这座火山被大致呈放射状的峡谷和断崖所切割。然而(与大加那利岛不同之处),周围的火山体(图6.1)同样组成了重要的地形:

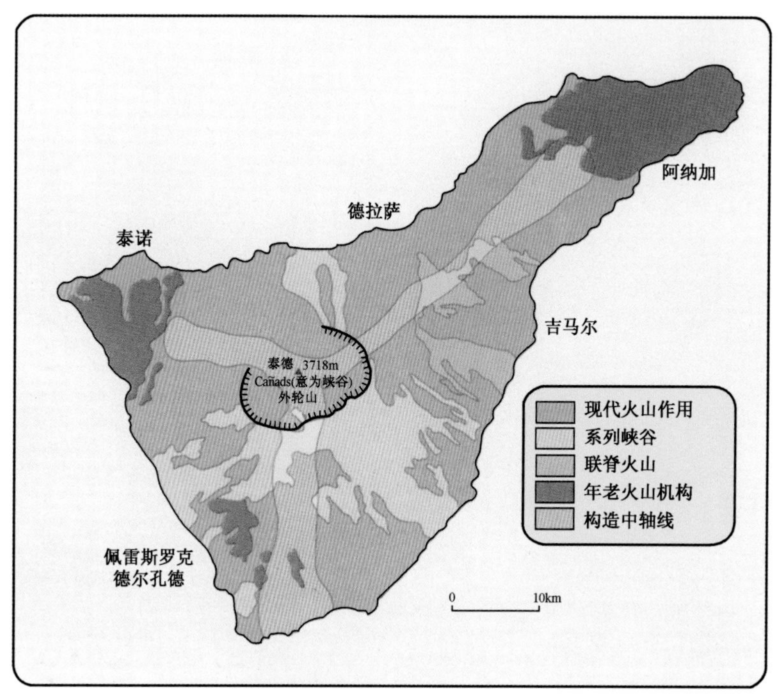

图6.1　特内里费岛地质简图

Anaga 地块(在东北),Teno 地块(在西北)以及南部一个较小的 Roque del Conde 地块。名为 Dorsal 的火山体将 Cañadas 火山体与 Anaga 地块联系在一块,三者组成的整体有一个三角形底部的"金字塔"。三个周围的地块呈现出陡峭的地形(图 6.2),以 V 形峡谷作为三角形地块及(前两个)陡峭的海岸的分界线(图 6.3)。

图 6.2　Teno 块体上的 Macizo 峡谷

图 6.3　Los Gigantes 的陡峭海岸,位于 Teno 地块

特内里费非常有特色的就是那些凹陷,它们具有圆形入口和平坦的底部,宽度达到几千米,有平缓的斜坡并汇流入海。虽然很明显不是受河流冲刷形成的(其轮廓成很开很平的U形而不是V形),但是传统上已经接受了峡谷的名字,它们就是:北部海岸的Icod和La Orotava,东部的Güimar。最后,该岛最为人所知的地形是Circo de Las Cañadas,有几百米高,是位于岛中央的椭圆形平坦凹陷,其中间部分被马蹄形墙体封闭(图6.4)。最大直径16千米、高2000米的外轮山,沿着Icod和La Orotava峡谷的方向,相应地朝向西北和东北。

(a)

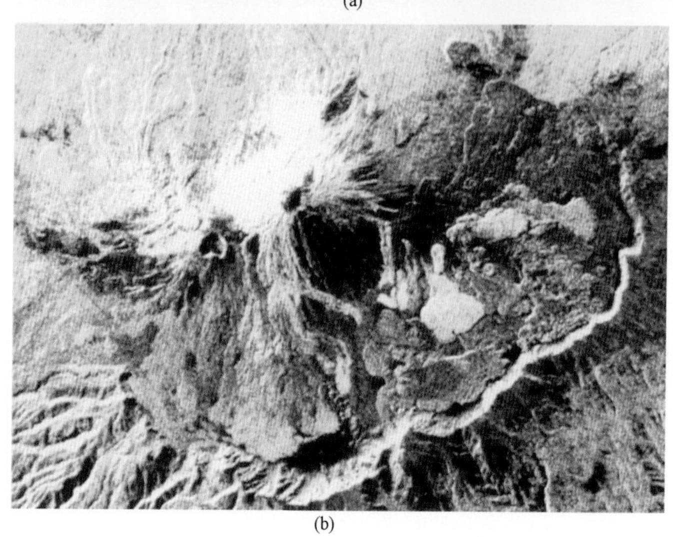

(b)

图6.4 Circo de Las Cañadas:(a)从泰德峰顶看到的景观;(b)卫星照片

最近才了解到特内里费详细的海底地形,像露出于海面之上的部分一样有趣。那些有着平坦底部的凹陷在海面以下继续延伸(图6.5),在这里它们还呈现出一种极高能量流的清晰标志,比如数千米的大石块(图6.6),很明显地看出运移至距该岛大约60千米之外。另一方面,不管是在Teno地块还是在Anaga地块都存在与组成刀状山峰一样的地形。一些学者提出假说认为,这些地形应当暗示着一种陆上剥蚀的特点,因此这些地块曾经在海平面之上成形后又下沉了 2000 多米。然而，在群岛上没有其他资料显示如此重要的下沉特征：与其这样说，不如说，正如我们在第二章中看到的，好像这些岛已经升高了。

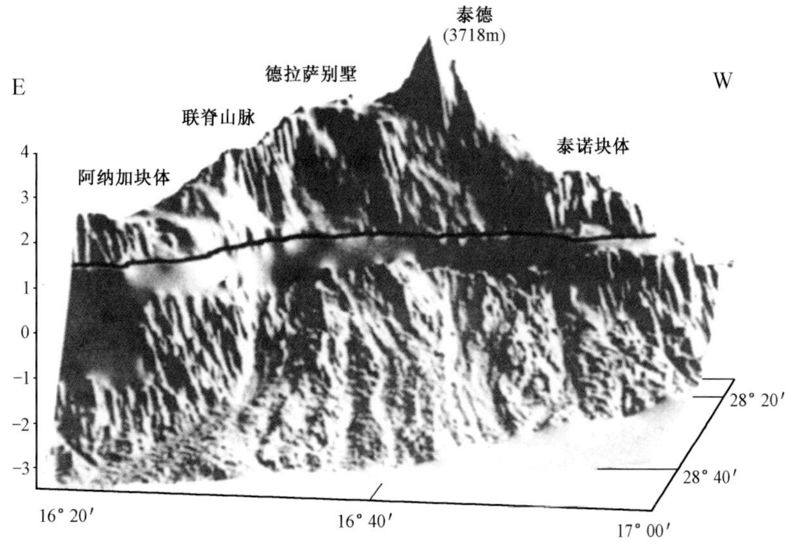

图 6.5　从北部看（垂直比例扩大 15 倍），特内里费岛浮现及下沉的地形（据 Watts 与 Masson，1995）

图 6.6　声波导航测距系统图像显示的海底巨石，距特内里费岛北部 60 千米。最大的为 1.2×1.7 平方千米。白色圆圈将 Icod 和 La Orotava 的滑行运动分开。箭头指出流动方向（据 Watts 与 Masson，2001）

二、地 质 单 元

特内里费看得见的基底由大量玄武岩组成,它们在已提到的周围三个地块中均有露头。然而,在这三个地块中,没有一个观察得到放射状的倾斜结构(哪怕最简单的),而这一结构本期望在盾火山中可以找到。这一点,与现在(尤其在 Anaga)重要的火山碎屑结构遗迹的事实一起,使得特内里费古老的地块无法像盾火山那样严格定义,就如同其他岛屿的板状玄武岩系列一样。

Anaga 的组成有:一系列大约 1000 米厚的熔岩,伴随着粗面岩、响岩的穹丘、以岩墙状产出的玄武岩火山碎屑和向北的斜坡。在北部海岸有一个小的露头, Arco(意为:拱,弧) de Taganana,被丰富的岩墙割断的侵入岩(比如辉长岩)。这一组系列不禁使人联想起其他岛上的底部结构,但获得的两个岩石年代(1610 万年和 570 万年)不仅自相矛盾,而且还很有可能是错的。Anaga 地块的可靠年代在 700 万年与 360 万年之间,时间上可以大略分为三个时期。

Teno 地块由 1000 多米的玄武岩组成,是(670 万年到 450 万年之间)火山活动的两个时期里喷发的熔岩。两个层序都被丰富的玄武岩岩墙割断,但是(与发生在 Anaga 的不同)仅仅在上一个层序里找到一些响岩的小凸起。添加在玄武岩中的角砾岩被认为是(图 6.7)地块的一部分重力滑行运动(发生在大约 600 万年前)留下的痕迹。

(a)

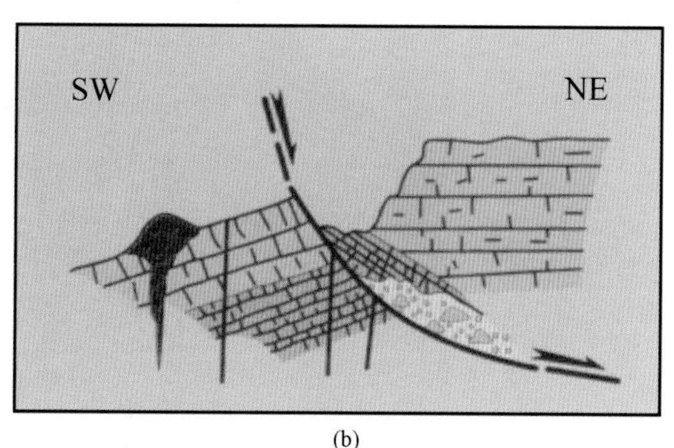

(b)

图 6.7 (a) Teno 地块的玄武岩中侵入的角砾岩;(b) 部分 Teno 地块滑行运动图解(据 Cantagrel 等,1999)

1160 万年的记载使 Roque del Conde 成为了最古老的岩层露头,但是那些熔岩看起来在两个间隔较大的时期喷发,即 1160 万年和 350 万年。就像在 Teno 地块,只在其高处出现响岩。

板状构造被夷为平地,同时在现在岛上的中部开始出现一个巨大的层火山(350 万年以

前)—— Cañadas 火山,填满了板状构造之间的凹陷并在特内里费岛近期的所有演化中占主导地位。火山运动以玄武岩开始,进而是粗面玄武岩和粗面岩,但很快又向着响岩演化。响岩大规模的(厚度约为 1000 米,不管是以熔岩还是以熔结凝灰岩[图 6.8]及浮岩[图 6.9])喷发很可能引起了破火山口的反复塌陷。在几段没有任何活动的间歇期(260 万年到 240 万年之间;140 万年到 120 万年之间)之后,岛上的火山活动直到今天才中断。

图 6.8　Cañadas 火山的熔结凝灰岩。Chiniche 南部的带状凸起

图 6.9　位于 Vilaflor 的“月球景观”,在岛中部,是一个浮岩被劈开后的残留地貌,浮岩由 Cañadas 火山喷发形成

Cañadas 火山的主体在 240 万年到 15 万年之间生成。在大火山底部有一个巨大的(100 多米)横向展布范围,在此范围内的黏土或沙土基质里,有崩落期的角砾岩 (图 6. 10a)。根据它的构造,这种角砾岩就有了一个很口语化的名字"mortalòn"(意为:岩屑崩落)。*Mortalòn* 包括保存完好的树木化石,应该是在低温下形成的。其表面看起来像爆炸角砾岩(图 6. 10b),几乎在整个岛屿均有分布,这样就可以推断出在一个时期内产生了灾难性火山爆发。

(a)

(b)

图 6. 10 (a)北部海岸的岩屑崩落。注意:滑行运动底部的石块发生形变,这是上升的压力造成的结果。产生在第一层的卵形石块直径约 1 米;(b) Cañadas 火山周围的爆炸角砾岩。见图 1. 18 可知这些岩石的生成环境

古典派假说认为,Cañadas 火山是一个塌陷的破火山口,这一假说还有支持者;然而今天,一大部分人将 Icod 峡谷的岩屑崩落和爆炸角砾岩解释为 Cañadas 火山侧翼塌陷的破坏产物。正如图 1. 18 中倾斜的火山体,Cañadas 火山已经生长到超过了维持其平衡所需的坡度,于是向北部倒塌并打开了它的岩浆房。这产生了巨大的爆炸,由此产生爆炸角砾岩。

但是大火山体的残留物,在它通往海里的道路上,冲蚀出 Icod 峡谷。留在半路上的残留物形成了 mortalòn(*debris avalanche*,岩屑崩落)。但几乎所有的残留物都长眠于大西洋底,在那里覆盖面积比该岛大得多(图 6. 11)。Cañadas 火山的火山壁可能是滑行运动的起始部位,外围山占据了火山体原先起源的位置。

泰德峰脚下极富吸引力的旅游胜地 Los Roques de Garcìa(图 6. 12 与特内里费路线 2),只占据了一小部分。完全不清楚崩流的年代,已有假说提出不止一个时期,一个是 70 万年前,另一个是其后的 15 万年前。但该假说最有趣的是,有一个确实古老的先例:在 1868 年,德国自然学家 Karl von Fritsch 和 Wolfgang Reiss 提出,Cañadas 火山是一个剥蚀性的双重峡谷,这一点类似于好像今天才被了解的多重重力塌陷。他们反对当时的爆炸说。

但是,凹陷现在的外貌与滑行运动(或者下沉,为古典派思想所接受)之后本应有的外貌非常不同,因为位于特内里费中部地下的岩浆房允许另外两座大的(虽然比 Cañadas 火山小)层火山在该点上的生长(在最后的 15 万年里),它们是:Pico Viejo 和 Pico de Teide。尽管它的体积相对较小,但一大部分凹陷(图 6. 13)及许多物质(开始是玄武岩,后来是响岩)已将其填满,甚至向 Icod 峡谷这个旧疤痕逾越。

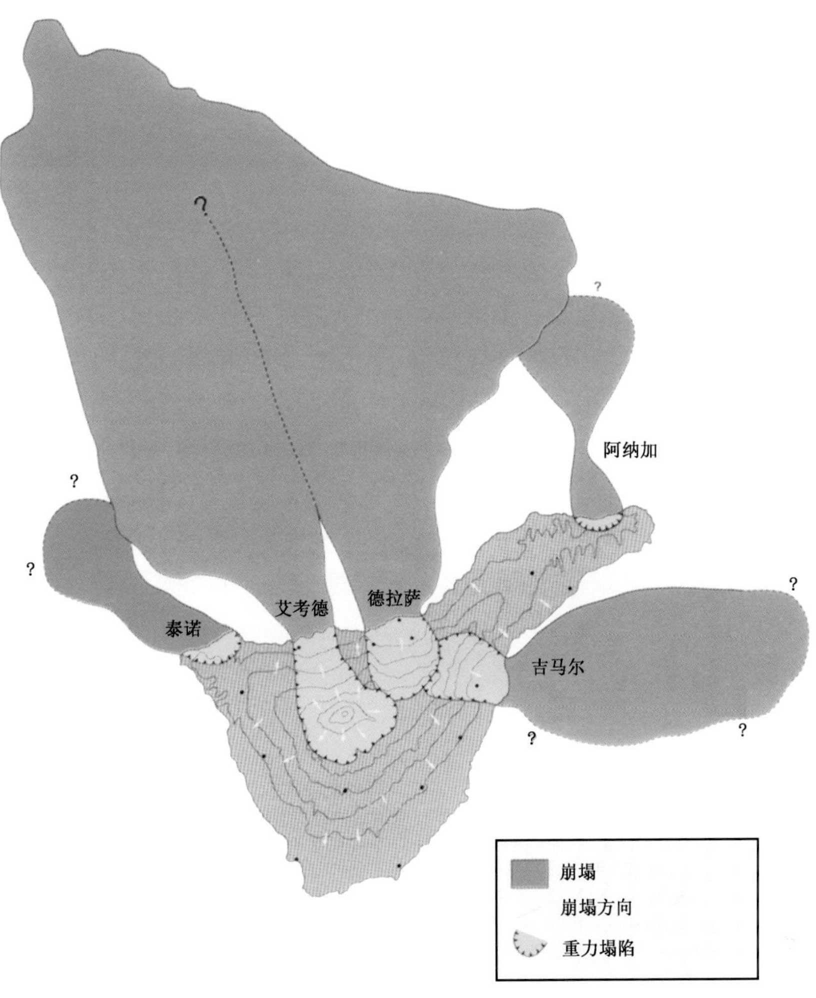

图 6.11　特内里费岛周围的碎屑崩塌分布图

图 6.12　Los Roques de Garcìa，是古老的 Cañadas 层火山最突出的遗迹，将该火山的外围山分成了两半。它的产生时间将在特内里费路线 2 中分析

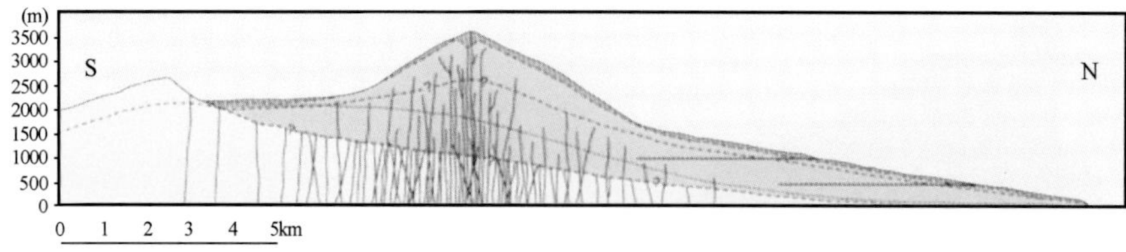

图 6.13　泰德峰顶关于 Cañadas 火山遗迹的剖面图(见图 6.18)

Pico Viejo 火山口(见特内里费考察路线 3)显示了一个的深度为 100 米的爆炸漏斗(图 6.15),还有一个大熔岩湖遗迹。泰德峰先后已经有了三个火山口,最后一个火山口的黑曜岩(黑色闪亮玻璃质响岩)上出现了黑色岩石。此外,泰德峰周围有一些小的响岩火山体,比如 Montaña Blanca(白山)(图 6.14)、Montaña Roja(红山)和 Montaña Majuà,当岩浆压力不足以达到上面的火山口时,上述三座山就充当溢流通道。Cañadas 火山的最后一次喷发发生在 1798 年,是在 Las Narices del Teide 的一次喷发,Las Narices del Teide 位于 Pico Viejo 侧翼,它意为"Teide 的鼻子",对一个裂隙而言,这是个有趣的名字。

(a)

(b)

图 6.14　(a)Montaña Blanca(白山),泰德峰脚下的响岩火山渣锥;(b)火山体向南部喷发的响岩熔岩已得名"Las Nalgas de Montaña Blanca"

图6.15　1798 年，Pico Viejo 侧翼裂隙的喷发（左边内部的黑色斑点）

同时在岛的中部，Cañadas 火山不断生长，根据我们所看到的，可推断其生长速度相当快。在它和 Anaga 之间形成了其他的层火山以及大量根据东北—西南中轴线排列的倾斜的火山渣锥和火山碎屑锥，它们有了一个共同的名字：Dorsal 火山体。实际上可以把它们看作一个联合火山体，有着多个喷发中心并且是两条河流的源头。最重要的是 Arafo 层火山，它在一个有记录的时间内生成，即在 90 万年到 80 万年之间。但这个火山体同样被侧翼塌陷所破坏，在这种情况下，它向东倾斜（Güimar 峡谷的起因，见图 6.11），为了像火山 Cho Marcial（图 6.27）一样重新建造，Cho Marcial 占据着该峡谷的入口。Dorsal 的最后一次侧翼塌陷同样使这个火山体坍塌，这次崩流向北部涌去，在 65 万年到 35 万年以前生成了 Orotava 峡谷。

除了 Pico Viejo 侧翼和 Taoro（在 1430 年，恰好位于 Orotava 峡谷）的喷发，特内里费最近的活动（图 2.13）集中在 Teide-Pico Viejo 构造的东北和西北两条线上：东北的是 Dorsal 火山体（Fasnia 火山，Siete Fuentes 火山及 Güimar 火山）；西北的是 Garachico 火山（于 1706 年爆发）和 Chinyero 火山（于 1909 年爆发）。研究该岛构造使我们搞清楚了地质史上火山作用的分布，同样也得到了它如何演化的答案。

三、构　　造

该岛的三角形形状起源于它的内部构造，在它内部有三个主导方向以 120°角分开。三叉形的辐射便命名为构造轴线。如图 6.1 所示，这些轴线有西北、东北及南方三个方向，它们在岛的中部将 Teno 地块、Anaga 地块及 Roque del Conde 与 Pico de Teide 连接起来。这些构造轴线是 3～5 千米宽的带状凸起，有大量垂直或平行的岩墙（图 6.16a）侵入，因此相当于美国的火山学家在夏威夷岛命名的“*rift*（意为：裂谷）区”。它的岩墙（渗透性）取决于地下岩浆，这些断层有伟大的实际意义，在岛上十分重要，甚至影响到火山中心的位置：如我们刚看到的，历史上的喷发大部分发生在东北和西北轴线上，它们是最活跃的轴线。

我们可以把那些构造轴线看作三重点式序列的重新生成物，也就是三个岩石圈板块汇聚地区。很有可能它的起源是类似的：当岩浆接近地表时，在岩石圈上形成穹丘，而这超过了岩

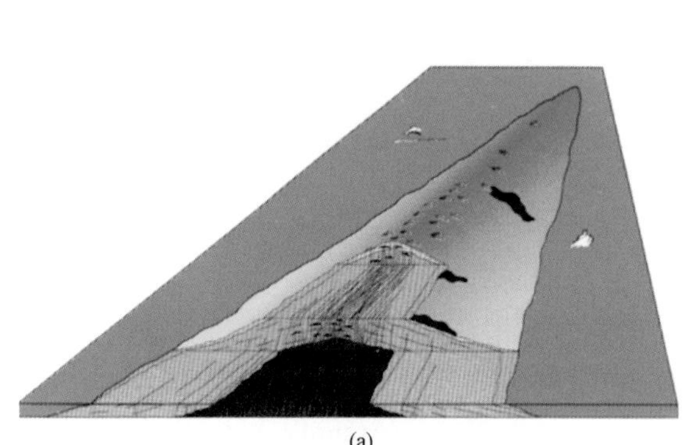

(a)

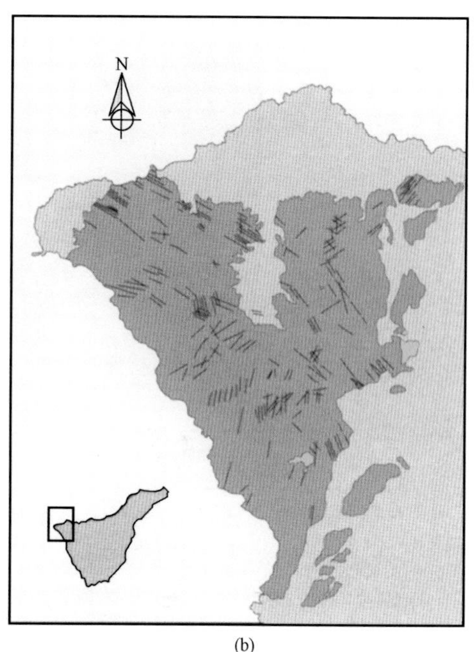

(b)

图 6.16 (a)构造轴线的理想剖面(据 Navarro,未发表);
(b) Teno 半岛的岩墙同样根据三个主要的、以 120°角分开的方向喷发

石圈的承受力,结果就以尽可能简单的方式破裂。但是,除了主要的轴线外,还有一些相同方向上的其他轴线(NE,NW 及 S,图 6.16b)位于其他火山体的正中。这表明这三个方向,以某种方式,在加那利群岛的岩石圈上留下了痕迹:已有人提议认为,这三个方向属于大西洋脊、大西洋高压断层及阿特拉斯山脉。但这一假说有一个严重的缺陷:如果这是一个区域性的构造,我们就可能在整个岛上都找得到,但是我们只在特内里费、拉帕尔玛及 El Hierro 观察到了这一现象。

四、特内里费岛的演化

在地质学上关于这个岛的讨论焦点是,是否玄武岩的三个盾火山像独立火山体那样组成。如同我们看到的,Teno 和 Roque del Conde 拥有最多的一致因素,因此思路发散开来:它们可能是同一个火山体分异的遗迹。根据这个想法,这个岛可能有两个起源:Anaga 和(Teno + Roque del Conde)(图 6.17)。然而,即使勉强接受这一说法,即:三条构造轴线交汇的地方,也就是最容易生成和抬升岩浆的区域,直到 350 万年前始终保持不活跃状态,而大型火山体数百万年前却在其周围生长。这个想法的结果也不太符合逻辑。

总的来看,特内里费的演化是一个西西弗斯效应的鲜明例子,在火山体构造(通过持续不断的磁场作用)和重力塌陷的破坏作用之间交替。从 Teno 和 Anaga 到 Cañadas 火山的大量倾斜,该岛的海底环境充满了塌陷火山体的遗迹。我们可以肯定,这段历史将在未来重演:海洋学者在该岛北部海底辨识出沉积物的堆积体,它们表明,Teide(泰德)—Pico Viejo 的侵蚀作用

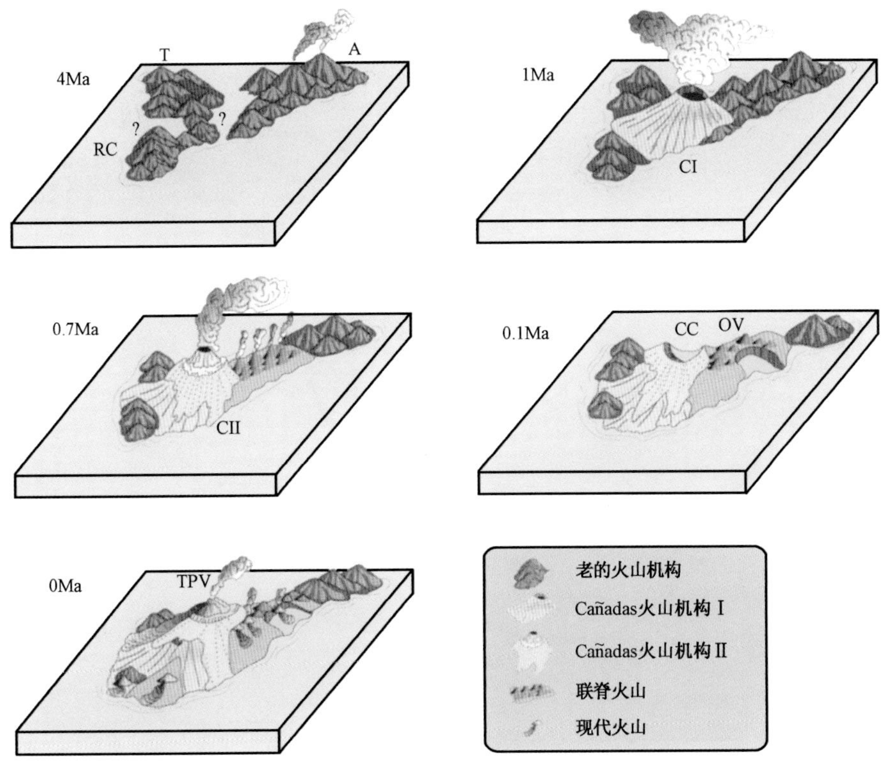

图 6.17　特内里费演化图解，分为五个阶段：板状火山体的生成；然后，Cañadas 火山体（CI 和 CII）和 Dorsal 火山体在相应的侧翼坍塌之后的生成；最后，Teide-Pico Viejo 构造（TPV）及构造中轴线上的火山作用。OV：Valle de la Orotava。CC：Circo de Las Cañadas（据 Ancochea 等，1994）

已经开始，但是只有当泰德峰侧翼的斜坡不断增长，导致它再度不稳定并引发另一个毁灭性的侧翼坍塌时（图 6.18），破坏才可能是重要的。

图 6.18　从东部看泰德峰的轮廓，可以观察到北部（右边，更陡一些的坡）与南部的侧翼不对称。可以预见在几千年之内这座火山会再一次向北部倒塌

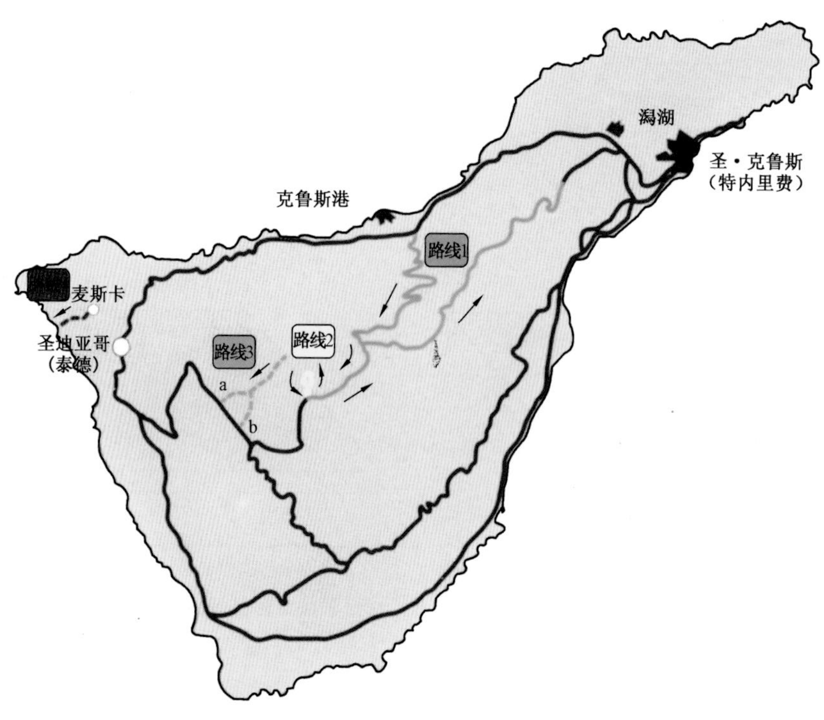

图 6.19　地质考察路线图

五、地质考察路线(图 6.19)

路线 1　从崩流峡谷到火山体顶部

经过 la Orotava 向 Dorsal 火山体攀登,途经 Cañadas 火山的外围山。

从这里,除了泰德峰(图 6.20),还可以就近看到峡谷入口处的一座同源火山的玄武岩。岩石的一部分比其余的(很可能因为它利用了峡谷的走向)粗很多;这其中有一个柱状节理,好像总与冷却面垂直,已经变成了放射状:这就是"rosa de piedra"(意为石玫瑰)(图 6.21)。

图 6.20　Orotava 峡谷入口处的与泰德峰同源火山台地

图 6.21　“La rosa de piedra”(石玫瑰)。呈放射状分异的粗壮岩石

路线 2　火山之心

Los Roques de Garcìa(图 6.12)是 Cañadas 层火山较深地区的侵蚀遗迹。然而,它的结构很复杂,近来已经被认为是崩流中移动的岩石整体(图 6.22),这可以解释以下现象,即其底部由石块角砾岩组成(图 6.23)。毫无疑问,Cañadas 火山地区在灾变时期被破坏。说到那些岩墙,有一些是整合的,就像著名的 Roque Cinchado 的岩墙(图 6.24),但是其他的割断了岩层。最厚的岩墙有柱状节理,这意味着它的冷却速度较慢。

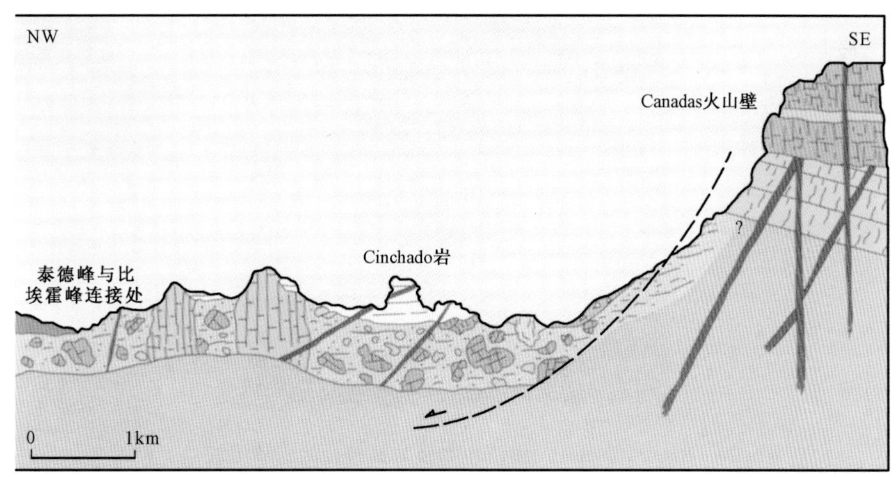

图 6.22　地质剖面图:Los Roques de Garcìa 与 Cañadas 火山壁的接触关系(据 Arnaud 等,2001)

再走大约 500 米,就到了来自泰德的一块岩石前(图 6.25)。该岩石由于蚀变而呈现出一种红色,它由响岩构成,厚度有几十米。这块玄武岩属绳状熔岩、脊索类构造(图 6.26),它与由斜长石的白色大晶体构成的岩块呈侧向接触,该岩块看起来好像来自 Viejo 峰。因此,二者都不属于 Cañadas 火山体。

图 6.23　Roq Mèndez 底部的角砾岩,它们可能是 Cañadas 火山一次古老的碎块崩流的产物,最大的石块大约 2 米

图 6.24　Roque Cinchado,由沉积物及与其整合的岩墙组成

"La Cascada"绳状熔岩位于 Cañadas 火山体的火山碎屑上部,在这个地区被强烈蚀变而呈现出淡绿色(当地名字为"azulejos",意为:蓝色的)。这种颜色要归因于黏土矿、云母矿与非氧化铁,当火山地区的气孔通过多孔岩石长时间环流时,就产生了这一变化,就像那些火山渣。在"La Cascada"的一些地方,玄武石岩浆虽然在空地上留下了一种熔岩檐(图 6.27),但是玄武石熔岩无法越过这些障碍,它从斜坡上落下,在管道中生成绳状结构。

(a) (b)

图 6.25 (a) Viejo 顶部的绳状熔岩,被泰德的渣块熔岩覆盖(图片背景);(b)渣块熔岩的显微图片,这些熔岩是响岩,其中可见着辉石(直角形状的)和角闪石(圆形的)

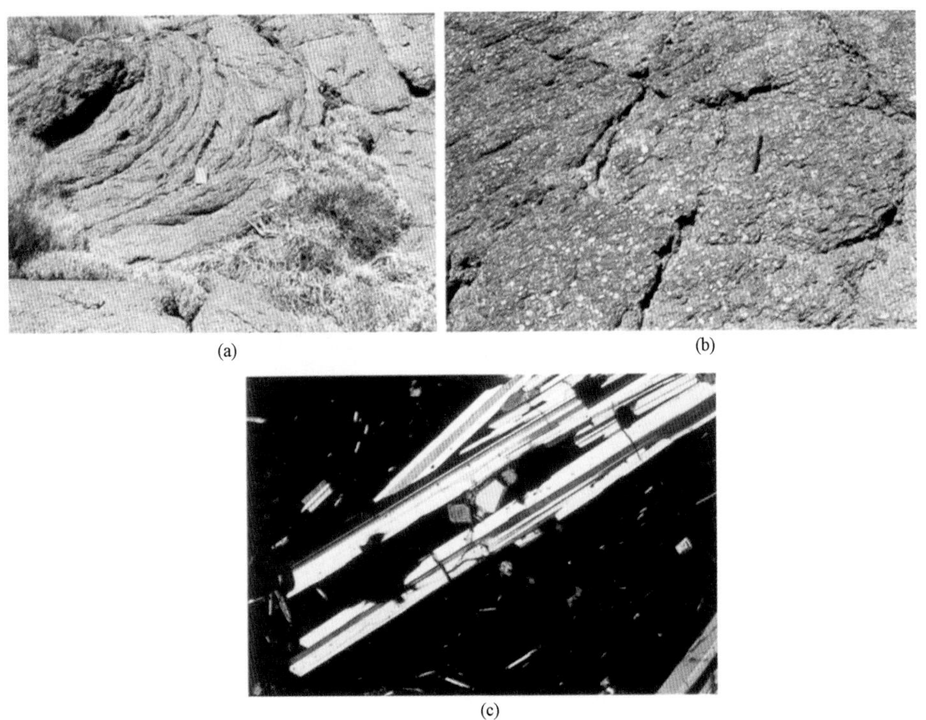

(a) (b)

(c)

图 6.26 脊索类熔岩(译者注:本文有些部分将该词译为“绳状熔岩”结构):(a)斜长石大斑晶;(b)绳状熔岩的显微图片;(c)斜长石斑晶和红色辉石斑晶

图 6.27　La Cascada：绳状熔岩喷发出 Los Roques de Garcìa
所有角砾岩和凝灰岩，在这里被剧烈地蚀变（浅色）

图 6.28　垂直宽厚的岩墙穿过
Los Roques de Garcìa

图 6.29　La Catedral，一个 Cañadas 火山体的响岩火山管（喷发的中心）。注意中部大岩墙的水平柱状节理

100 多米深的地方会看到一个垂直岩墙（图 6.28）。离起点 70 多分钟后，我们会站在“La Catedral”（图 6.29）前面，这是一个柱状节理的响岩火山通道。巨大的岩墙使我们认识到，自己正站在 Cañadas 火山体的主通道前面。

路线 3　穿越 Las Cañadas 火山

路程开始于泰德缆车站的前一站，在第二个火山口的 3550 米处。这个火山口直径为 900 米，在它中心有一个最新的火山锥，高 150 米，其入口现在已被关闭。而在火山锥内部存在第三个火山口（直径 70 米，深 45 米）并有活喷气孔（80° ~ 90°）。

朝西继续走，下坡（角度大约 15°）后到达 Pico Viejo 瞭望台。从那里，沿着 Teide 黑色熔岩狭谷继续下坡。这段路不太难走，但确实比较慢。1 个小时后，狭谷向南转折（图 6.30），我们在一处覆盖有浮岩的台地向 Teide 的黑色熔岩狭谷告别,这处平原面向 Pico Viejo 火山口。在两个层火山之间有数个小的响岩锥,其中有两个较为突出,即所谓的双子座,伴随有壮观的粗糙结构的脊索类熔岩(图 6.30),因为这在响岩中是典型的。

图 6.30　双子座, Viejo 峰与泰德峰之间的响岩锥体

Pico Viejo 火山口(图 6.31),直径 800 米,深 150 米,呈现出几个重要特点。主要是 El Llame,它是一个位于南部边缘的台地,是一个深而古老的熔岩湖遗迹,虽然它也保留下来一些板状物(图 6.33),但是它的结构可以分开来研究(图 6.32),在平原西侧,在火山口的西南角,坐落着 El Hoyo,一个大约 100 米深的火山口湖,有蒸气爆发火山口的外观。在它前面向南看(图 6.34),能清楚地分辨出几十个小峡谷,它们向南严重倾斜,这些是熔岩的入海口,很有可能在产生 El Hoyo 的爆炸中被破坏掉了。通常,火山口表明喷发的两种极端方式,即伴随有熔岩湖的夏威夷式喷发和导致火山口湖和北部地区形成的蒸气爆发,看起来此熔岩的喷发更像是裂缝式(brechoides)喷发(图 6.35)。在火山口边缘,有大的火山弹的台地(图 6.36),这是斯通博利型喷发的痕迹。

图 6.31　Pico Viejo 火山口。左边的平台是熔岩湖的残留物

西南(本章路线 3a),穿过响岩火山锥(Reventada 山脉)之间的一条界线(图 6.37)和一片广阔的玄武岩火山渣锥台地(Chìo 山脉、Cruz de Tea 及 Cuevas Negras 地区),它们最有趣的特

图 6.32　位于 Pico Viejo 火山口的古老熔岩湖的陡坡

图 6.33　位于 Pico Viejo 火山口处的 El Llame,熔岩渣壳遗迹

图 6.34　El Hoyo 是 Pico Viejo 火山口内部的蒸气爆发火山口。陡坡高处的细小岩石代表了熔岩湖的溢出

点是一条长的喷发缝隙(图 6.38,图 6.39),其中可以观察到熔岩面下降造成的标记。如果选择路线 3b,极力推荐的路线是沿着锥体断层的南部边缘下山,这条线路可以看到数十个火山渣锥和火山弹组成的锥体,若干个不同规模的斯通博利型火山口,从裂隙中溢出典型的绳状结构岩体。从地质观点来说,熔岩的领域是精彩纷呈的。

图 6.35 Pico Viejo 火山口北部的陡坡由在含水层爆炸中生成的角砾岩组成

图 6.36 在有熔岩湖产生的夏威夷型喷发与蒸气爆发之间有一个斯通博利型喷发的间隙,这期间“牛粪(bosta de vaca)”状渣块熔岩形成了火山弹台地

图 6.37 Chahorra 平原地区。Reventada 山脉的响岩(第一层发红的岩石)与 Cruz de Tea 山脉(背景处)的黑色玄武岩之间的界限,一个原生岩浆房与层火山下的不同物质能够和平共处的明显证明

图 6.38　Cuevas Negras 的喷发裂隙

图 6.39　Pico Viejo 侧翼的喷发裂隙，被命名为泰德峰之鼻

路线 4　古老的火山机构（位于 Teno 的 Masca 峡谷）

从地质学的观点来看，这条路线就是参观一系列（图 6.2）的绳状熔岩（图 6.40），这些熔岩总是向西倾斜，但是规模不断变化。观察到的不整合（图 6.41）意味着火山体喷发的中断（在这条路线中点），有岩墙和角砾岩层（图 6.7）的典型代表，可能表明部分火山体存在重力倾斜的问题。

图 6.40　Masca 峡谷的绳状构造

图 6.41　Masca 港。山间隘口上部细小的堆积物系列与其下部大量堆积物的不整合接触关系

第七章　戈梅拉岛：一座沉睡中的岛屿

戈梅拉岛最后的一次火山喷发发生在300万年前，因为这座岛屿上的火山数目并不像其他的岛屿上那么多。但是，在戈梅拉岛上却拥有一座完整的母体岩石，在它之上坐落着几座被褶皱分开来的火山。戈梅拉岛上岩石的形状是千奇百怪的（确切地说，就是那些穹丘的形状，相关机构甚至认为戈梅拉岛上火山穹丘的结构是整个加那利群岛穹丘结构中最令人着迷的）。毋庸置疑，戈梅拉岛值得我们认真地勘查！

这座安静的戈梅拉岛和活跃的特内里费岛的差别是相当大的。这座小岛不像坐落在它旁边的特内里费岛那样在任何位置都可以发生火山喷发。从特内里费岛史上发生过的八次火山喷发来看，喷发情况可以发生在火山的正中心、在构造中轴线上、在凹地的最高部……而戈梅拉岛的火山喷发位置却不这样分散。这个差别也是有关加那利群岛的自然谜团之一。当你漫步在戈梅拉岛欣赏岛屿风景时，你一定不要惊讶常有当地的人走来询问你这座岛屿的自然环境是否有利于火山喷发，当然他们希望你给出的答案是否定的。

如果我们考虑到整个加那利群岛上所有火山的活动情况，戈梅拉岛上火山活动的状态就不是那么令人费解了。这里火山喷发的状况几乎是有规律的，几百万年喷发一次。因此我们能看到的也只是暂时的宁静。但问题是为什么我们要研究这个岛屿？又为什么要选择这个时间？关于这两个问题，一些当今的关于群岛演化的假说是很有说服能力的。毋庸置疑，一座暂时性不活跃的火山对我们的研究是很有利的。因为它给我们提供了良好的研究环境，在这种环境中一切火山构造活动都停止了，只有侵蚀作用。而恰恰是这种侵蚀作用不但使火山的基底露出地表，甚至是一些火山基部都光秃秃地呈现在我们的眼前。这样我们发现戈梅拉岛上拥有其他岛屿没有的一些盾火山体。

一、地　　貌

同大加那利岛一样，戈梅拉岛也呈现出古代使用的盾牌形状，但它的轮廓不是圆形而是类椭圆形（25×28平方千米）。虽然戈梅拉岛是加那利群岛中倒数第二小的岛屿，但是它的平均海拔却是相对较高的，达到了1487米（也就是加纳合纳伊的高度，加纳合那伊差不多坐落在戈梅拉岛的几何中心位置）。

这样的地理情况也是在戈梅拉岛最高处生存了一大片原始植物的原因。这种原始植物叫照叶林（图7.1），它们正是利用了信风在岛屿顶部吹过而带来的湿气存活下来的。戈梅拉岛与大加那利岛的相同之处就是存在很多陡峭异常的悬崖峭壁，其中一些比较著名，如：美丽的山谷峭壁和本奇丽瓜峭壁，它们的顶部都呈现出如圆形阶梯剧场般的顶部，下部则陡峭无比。但是他们远不能同大加那利岛上的迪拉哈那峭壁相提并论。

图 7.1　加纳合那伊国家公园中的照叶林

与大多数缓和的、安全的入海口不同，戈梅拉岛海岸的入海口都是悬崖峭壁状。这毫无疑问是那些垂直的岩墙造成的(图 7.1)。入海口处峭壁的最高高度为 857 米(麦瑞卡峭壁，它位于戈梅拉岛的最西边)。在戈梅拉岛的偏东边，一些陡直的峭壁被很多宽敞、缓和的斜坡分开来，形成了整个加那利群岛都不常见的景致(图 7.2b)。

图 7.2　(a)由垂直的岩墙组成的峭壁，本景取自大国王山谷的阿尔嘎嘎海滩；(b)平原与峭壁共存，此图为戈梅拉岛南部的达玛平原

说到戈梅拉岛的火山外貌，火山穹丘的形状是最具特点的风景！因为它们几乎没有传统火山锥顶部的一点迹象。但是自相矛盾的是，勘察这座岛时发现这座岛上仅存的两座锥形穹丘火山都是刚形成不久的(图 7.3)。

图 7.3　火山口(如箭头所示),这个火山渣锥坐落在戈梅拉岛的南岸,是为数不多的有火山外表特征的火山之一

二、地 质 单 元

根据戈梅拉岛的地质图(图 7.4),我们可以把它分为两大部分:基底岩石和盾火山。同富埃特文图拉岛一样,戈梅拉岛的母体岩石由深海岩石(熔岩、沉积岩)、深成岩石和大量的岩墙组成的。其中,戈梅拉岛的一部分由三座火山组成(有的已被毁坏),这三座火山一座摞着一座,它们被清晰的风化层同基底岩石分开。第一座和第三座火山产出品种丰富的岩石。

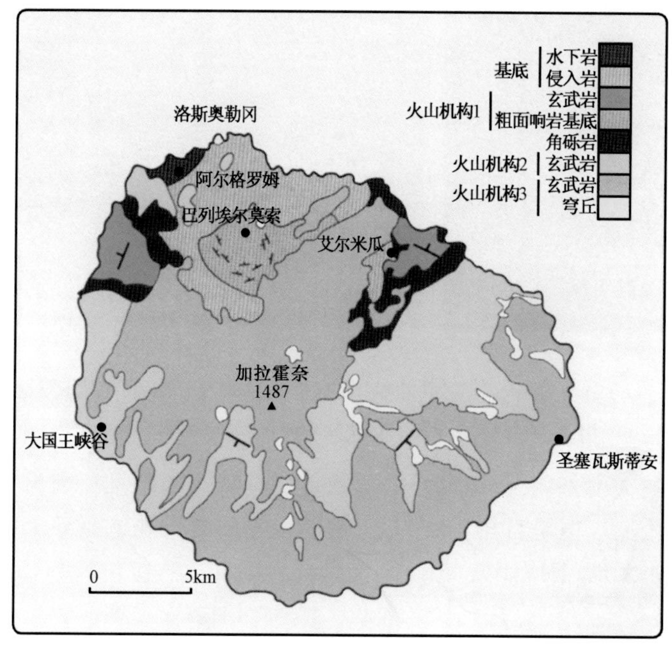

图 7.4　戈梅拉岛地质图

戈梅拉岛母体岩石上的深海岩石的出露状况并没有富埃特文图拉岛上的那样让人印象深刻。这里无论是火山石还是沉积岩都呈现出很小的碎块状,这也使岩墙形成网状,因此不能使它们重新结合在一起来研究。但即使这样,我们至少还是可以区别出几种不同的沉积岩。其中最常见的就是一种分为上下两层的混杂岩:一层是灰色多黏土的,而另一层则是白色、石灰质的(图7.5,外表层的混杂岩,阿尔格姆海滩)。总之,与富埃特文图拉岛上提取的混杂岩成分非常相似(图4.22)。这种岩石碎块应该是从非洲大陆海岸随着污泥顺海漂到这里的。另外,在松动的火山块中还发现了另一种也同富埃特文图拉岛提取物很相似的沉积岩,它是由珊瑚残渣、礁石残渣组成的(图7.6,含有珊瑚残渣的岩块,阿尔格姆海滩)。按逻辑来说,这种物质说明这只是表面的一些物质,所以要探索这个岛屿的形成与发展还有很长的一大段路要走。我们只能说:当这座岛已经浮出海面后或在浮出海面的过程中,岛屿四周被礁石和珊瑚礁包围着。

图7.5　外表层的混杂岩,阿尔格姆海滩

图7.6　含有珊瑚残渣的岩体,阿尔格姆海滩

图7.7　基底辉长岩。密集的蚀变使一些相对较新的岩心如此孤立。Arguamnl 小道

戈梅拉岛基底上的深成岩体的成分很简单,就是辉石岩和辉长石(图7.7)。在其中只发现了一小块松散的正长岩,据研究它应该是山体下部的组成成分。这些深成岩体组成大多岩墙的岩基,一些还同深海岩石相互侵入(图2.19)。网状的岩墙大多数由玄武岩组成,这种情况和富埃特文图拉岛很相似,玄武岩占到了70% ~90%的比例(图7.8)。

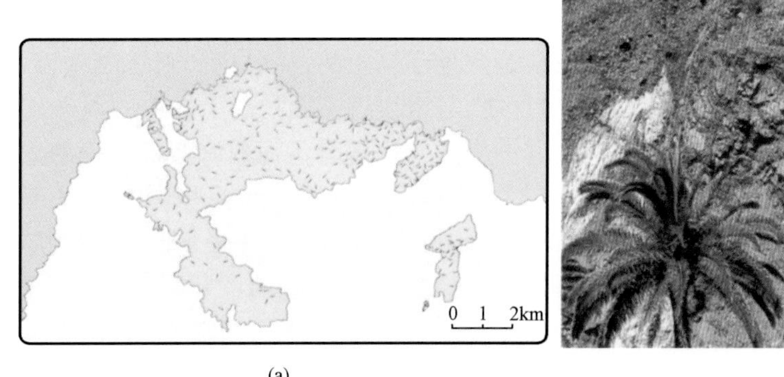

(a) (b)

图 7.8　(a)基底岩墙走向示意图,岩墙在岛屿的东北部和西北部更常见;
(b)是网状的岩墙与其他深海岩石相互侵入的情况

(a) (b)

图 7.9　(a)在戈梅拉岛东部的艾尔米瓜地区的下部古老玄武岩;
(b)美丽山谷处的粗面岩—响岩的混杂岩体全景图

基底被很严重地侵蚀了,在被侵蚀的区域上(图 7.12b 和图 7.20)有大片的玄武岩熔岩(也就是生物科学家最初描述的下部古老玄武岩,如图 7.9。两组层理方向不同的岩墙相交织,形成了很有特点的景色)。在它的底部,我们可以找到这个岛屿曾经在海平面以下的证据。如果我们当时在那里,就可以真正地欣赏到这座岛屿的崛起。这里熔岩流的成分是厚度约为 250 米的结壳熔岩,它们被一种叫做粗面岩—响岩的混杂岩分开来(粗面岩—响岩的混杂岩简称为 CTF,图 7.9),这也就说明火山 1 是一座由熔岩、穹丘和粗面岩—响岩组成的火山,而岩墙组成了一个很大的、像大加那利岛上穹丘形状一般的圆锥穹丘(尽管没有大加那利岛那里的穹丘那么大)和两个附属构造(图 7.4)。关于粗面岩—响岩的混合体一直有很多争论,但在这个问题上比较没有争议的说法是:粗面岩—响岩的混杂岩是一种不同于下部古老玄武岩的物质。如果真的是这样的话,那么下部古老玄武岩和粗面岩—响岩的基底就是组成火山 1 的主要成分。

在这座已经被严重侵蚀的火山上还有一段长达 300 米的裂隙，这段裂隙被以毫米—米级半径的大大小小的角砾填充着，这些石块的硬度也大不相同(图 7.10)。这些碎石都是火山喷发后形成的残骸，也可以说它们是一座巨大山体毁灭留下的证据。但是，我们并不能肯定地说，它们全部都来自火山 1。因为在裂隙和裂隙之间还发现了一种新的玄武岩(上部古老玄武岩)，是长约 500 米的熔岩流，所以我们认为这个熔岩流是一座新的火山喷发留下的证据，也就是火山 2。火山 2 保存得很好，上部分山体完整地呈现出来，但是下半部分被一个不整合同其他部分明显地区分出来(图 7.11)，那里出现了一层长 500 米到 1000 米的玄武岩层，在这厚为 5 米到 10 米的熔岩流上还有许多以响岩为主要成分的穹丘。

图 7.10　包裹在较老玄武岩中间的角砾岩

(a)　(b)

图 7.11　上部较老玄武岩(火山 2)与火山 3 水平玄武岩之间的不整合接触关系。(a)美丽山谷的远视图；(b)近视图

戈梅拉岛上三座相连的火山着实令人着迷，但是我们决不能想当然！火山 1 和火山 2 真的是两座不同的火山吗？无论怎么说，特内里费岛上的泰德群峰中的一个裂隙就是由一座火山部分塌陷造成的，这并不意味着这条裂隙起着区分两座火山的作用！但话说回来，戈梅拉岛上的这个裂隙可比那个裂隙大得多，况且裂隙两边的组成物质也不相同。但是，我们确实没有更好的方法来证明这一点。只能从年代学的角度来说，下部古老玄武岩结束生长时间为 900

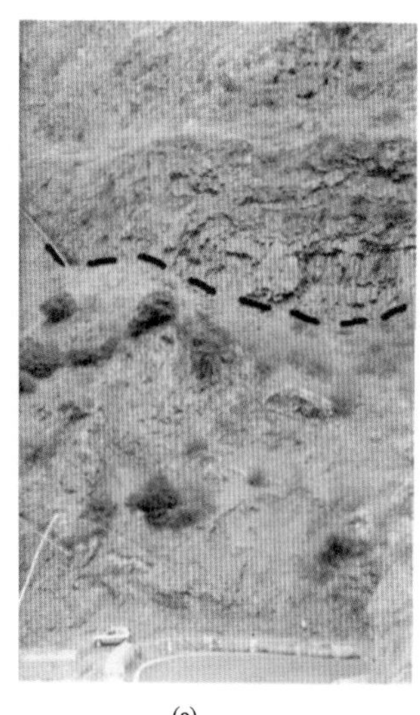

(a)

(b)

图 7.12　火山 3。(a)远视图;(b)与基底的不整合接触关系,地点 Vallehermoso 到 Hermigua 高速公路旁

万年前,而这正是上部古老玄武岩开始出现的时间……另一个认为这两座火山其实为同一座的观点是:它们岩墙的走向是一致的(图 7.14 蓝色为火山 1 的岩墙走向,绿色为火山 2 岩墙的走向,红色为断层)。所以,最终的结果还需进一步地研究。

戈梅拉岛上的穹丘岩石绝对可以另起一章讲述!它们形态万千非常有意思,但更有意思的是它们不同的组成物质。火山 3(图 7.12)的玄武岩浆演化形成两种岩石:一种是粗面岩,另一种则是响岩。粗面岩富含硅而响岩则富含钠和钾。这也就是说,火山 3 的穹丘由粗面岩或响岩组成,但令人惊讶的是一个粗面岩穹丘可以和另一个响岩穹丘相邻、相交汇,甚至在同一个穹丘中粗面岩和响岩可以共存。有关组织研究后认为:像厄尔拉穹丘和加诺穹丘就属于粗面岩穹丘,而萨尔希特则属于响岩穹丘。阿甘多穹丘则是中间成分为粗面岩、边缘成分为响岩,而其谱特要塞穹丘是中间成分为响岩、边缘成分为粗面岩。这种情况说明岩浆在岩浆房中的活动是非常活跃的,这不仅体现在时间方面(岩浆成分改变非常快),还体现在空间方面:岩浆房中一小的单独空间内可以富集大量微量元素(如钠、钾元素,它们在气体中以溶解成分形式存在,很容易转移),这样当火山喷发后就会造成这样的结果。如果我们说整个加那利群岛是火山博物馆,那么我们就可以说戈梅拉岛是一个火山穹丘的博物馆。

三、构　　造

如同莫比迪克卖弄他因参加多次战争而落下的满身伤疤一样,戈梅拉岛上的岩石,尤其是它复杂的基底上的岩石展现了山体结构有史以来历经沧桑变化的诸多证据。

最明显的我们可以看到:山体因经历地壳膨胀过程而最终导致火山高强度喷发的痕迹

（图 7.8），还可以看到，在岛屿的西北部和东北部有些以原始状态存在的沉积岩因某种原因变成了类似峭壁的直立产状，形状非常像在富埃特文图拉岛形成的那些褶皱。这些都说明山体内部存在很强的压力或挤压力（图 7.13，图 7.20 从阿尔格姆村落拍摄的一张照片，可以看出一些用红箭头标出的网状岩墙上的褶皱因风化剥蚀作用已没有原来那样深，风蚀面用蓝色箭头标出，且又被火山 2 喷发后溶出的玄武岩覆盖过，但仍然很明显。同时它被一些断层所截，断层用黄色箭头标出，形状很像小山丘。洋脊上的小山丘用黑色箭头标出），而那地区的岩墙呈现出的状态（图 7.15）也提醒我们坐落在大西洋中的这个岛屿仍然承受着很大的内部压力。

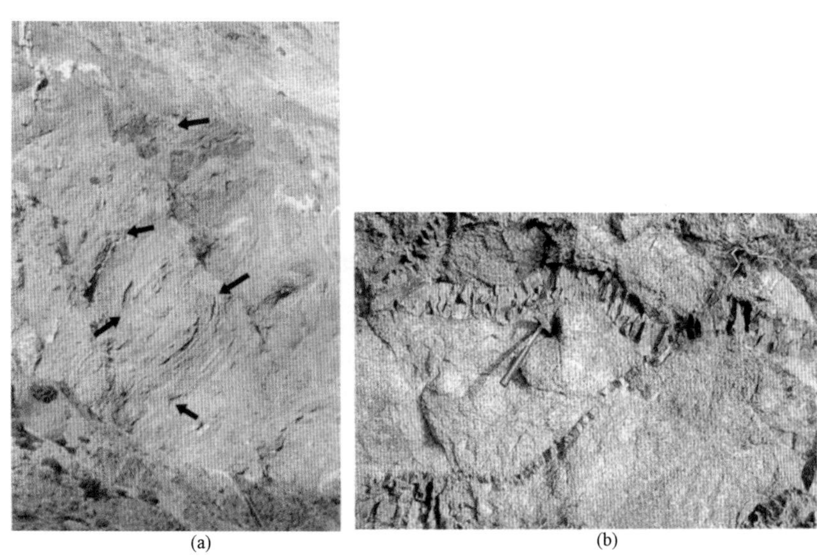

图 7.13　（a）箭头指向基底中岩墙上的褶皱；（b）梅瑟塔地区岩墙褶皱的放大图，请注意岩墙走向的多变性，因为它并没有改变整个基底岩墙的走向，这说明这个构造改变过程中物质的高度活动性

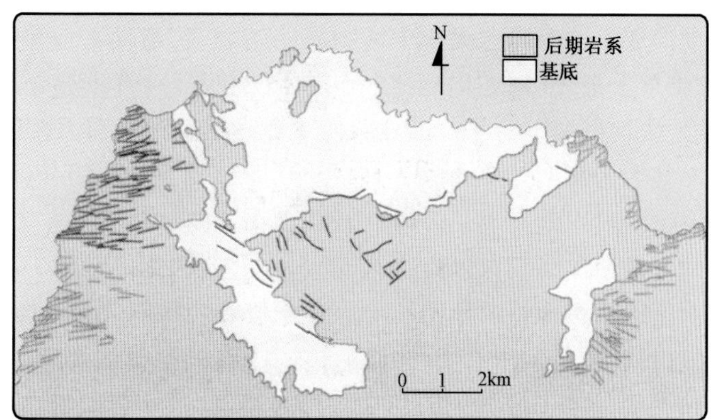

图 7.14　火山 1（蓝色），火山 2（绿色）岩墙的走向，及探测出的基底和粗面响岩中断层（红色）走向

(a)

(b)

图 7.15 (a)直立的岩墙镶嵌在古老玄武岩中;(b)阿亚摩索那峡谷的近照

四、戈梅拉岛的演化

戈梅拉岛基底的平均岩石年龄在 2000 万年到 1400 万年之间。但这只是个估算的最小值。年龄最大的岩石因受外界影响太多而无法估算出它的真正岩石年龄。而那些沉积岩没有一点计时的价值,只有那些放射虫纲化石,一种硅质的浮游生物化石才有计时价值,但是它却不能使我们算出很准确的岩石年龄。如果基底的真实岩石年龄可以超过 2000 万年多一点,那就可以和富埃特文图拉岛基底中侵入岩最后的演化阶段以及 Atlas(1900 万年至 1100 万年,见图 2.29)最后一个挤压阶段所造成的变形从时间上相符。另外,发现的一些珊瑚礁让我们联想到一座被礁石环绕的一座海下小山丘。换句话说,在 2000 万年前戈梅拉岛的起源只是一个环礁。

在侵入岩侵入基底的这个过程完成后,岛屿就以火山 1 的面貌浮出水面开始形成。我们都知道火山 1 喷发后形成了一个内含无比丰富物质的熔岩流,继而形成呈锥形的岩墙杂岩体(图 4.13)。岩墙形成了一条线(由东向西平行),这就说明从一开始这个岛屿的结构就坐落在一根中轴线上,从地壳向外延伸开来。通过火山 1 喷发后因地心引力而形成的岩层来看,喷发的过程非常得快。又因为我们知道火山 2 是在 900 万年前到 700 万年间形成的,我们就可以说火山 1 刚经历完喷发过程就形成了火山 2,火山 2 最活跃的时候是在 720 万年前时。通过观察火山 2 的岩墙的一些情况我们可以肯定地说它是一座盾火山(看图 7.4)。还应该强调的是戈梅拉岛上的这两座火山很像特内里费岛上的泰德群峰。我们认为戈梅拉岛比大加那利岛更具有地质学的研究价值,虽然两者有很多共同点:两个岛屿都呈似圆形(它们的峭壁也呈几何学中的放射形状),两者最初形成的火山都是锥形岩墙群,这些岩墙群中都提供了很多不同质地的岩石。戈梅拉岛上的粗面岩—响岩杂岩体可以认为相当于从大加那利岛上提取的粗面岩和响岩(只是规模较小罢了)。

在 700 万年后,戈梅拉岛进入了一段时间很长的休眠时期,直到 450 万年时火山 3 才开始了高强度的喷发,这次喷发一直持续了 50 万年。在这期间同样产生了很多粗面岩穹丘和响岩穹丘,且形成了很多岩钟(因地心引力,图 7.16)。

在 400 万年前时,火山 3 的活动强度降到了最低点,在这以后只是在火山 3 周围发生了一些小规模的喷发,最后的一次喷发发生在 280 万年前。在图 7.17 中详细地刻画出了戈梅拉岛的演化过程(图 7.17)。

图 7.16　在戈拉梅岛北部岸边的粗面岩穹丘(据 Manuel Fernandez-Galvan)

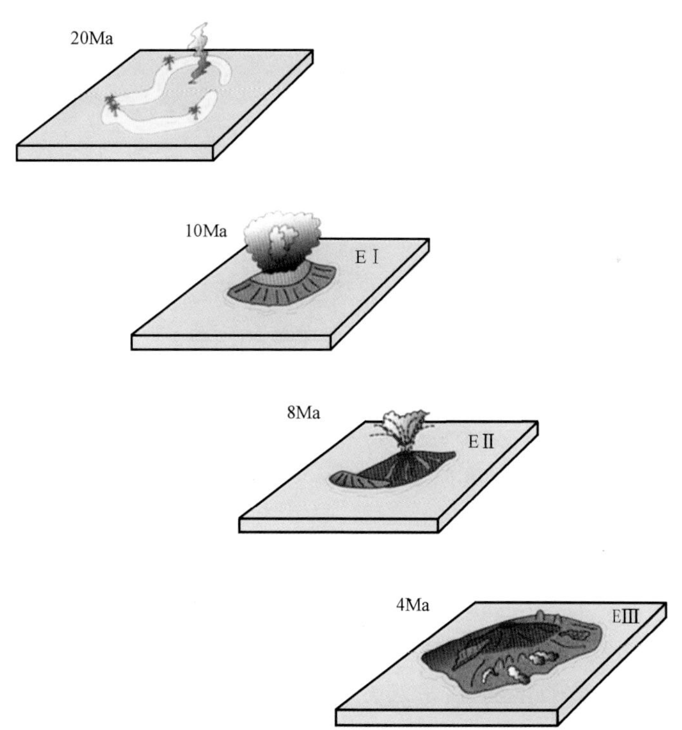

图 7.17　戈梅拉岛的演化图。在被礁石包围的深海火山基底形成。第一座盾火山(EⅠ)出现,喷发后形成了锥状岩墙,之后中间部分再次喷发形成了火山 2(EⅡ),之后进入了漫长的休眠期,然后毫无征兆地非常快地形成了火山 3(EⅢ)

五、地质考察线路(图 7.18)

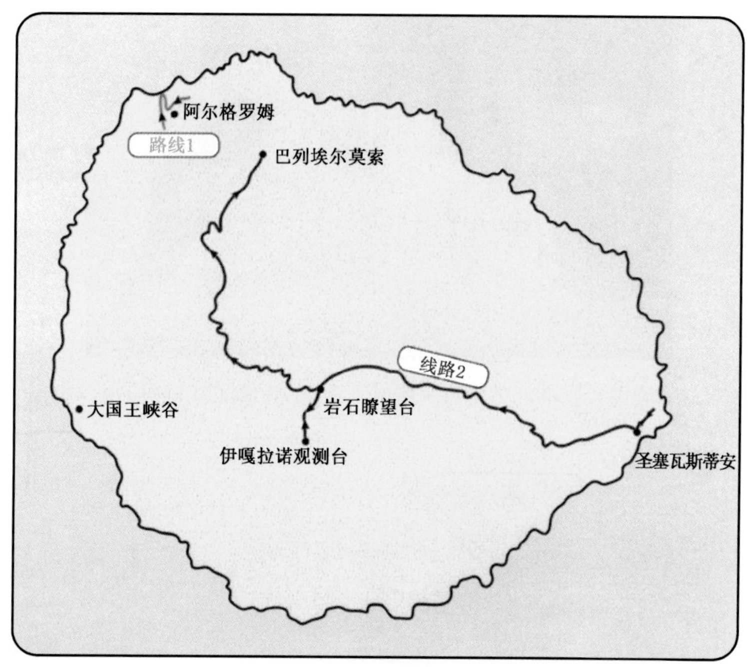

图 7.18　地质考察路线图

路线 1　一座被压缩的环礁

通向美丽山谷的阿尔乌蕾公路上,有一条通向答索的岔路(左侧),在这条岔路的右侧又有一个通向阿尔瓜姆村的岔路。这条岔路边上的基底呈现出因摩擦产生的上面有许多擦痕的断层(图 7.19)。向下走,会看到已经严重变形的网状岩墙(图 7.13a 箭头指向基底岩墙上的褶皱)。该岩墙与火山 2 产生的玄武岩相倚靠,这些玄武岩还被一些岩墙切割。这里是研究基底的侵蚀表面甚至那些影响了盾状火山的断层的绝佳视角(图 7.20)。

进入阿尔瓜姆村时,一块红色的木牌会告诉我们通向海岸的路在右边。在海滩上,可以看到因波浪不停拍打而形成的一个浪蚀台地,我们称之为“变矮的石头”(图 7.21)。这个浪蚀台地可以说是一个复杂的岩石博物馆,虽然大多数是深成岩的碎块,但我们还是可以找到一些其他种类的沉积岩(图 7.5)。这些散乱的围绕着岛屿的岩石就像环礁一样(图 7.6)。接着向东走,那里是海岸的尽头,可以看到由大量岩墙形成的峭壁,岩墙上面还有很多的褶皱和小的断层(图 7.22)。

图 7.19　断层切割由辉长岩组成的基底，此图为图 7.7 的放大图

图 7.20　从阿尔格姆村拍摄的一张照片，可以看出一些用红箭头标出的网状岩墙上的褶皱因风蚀作用已没有原来明显，风蚀面用蓝色箭头标出，且又被火山 2 喷发出的玄武岩覆盖过，但仍然很明显。同时它被一些断层（黄色箭头所示）所切割，形成小凹陷，就像基底上的小山口（黑色箭头标出）

图 7.21　阿尔瓜姆海滩和“变矮的石头”

图 7.22 阿尔瓜姆东海滩网状岩墙中被断裂（黄色箭头所示）切割的褶皱（绿色箭头所示）

图 7.23 悬崖峭壁上的岩墙群，箭头指示弯曲度最大的区域

在通向村庄的半路上，另一条小路可以引领我们继续向东走。这一路上没有什么新奇的，只是不断地见证岩墙网上的褶皱作用的存在（图 7.23）。徒步走完这个路线后，您可能会有一个大体概念：戈梅拉岛的基底自从大量的岩墙侵入后就已经严重变形了，就像是一个被揉成团的塑料球。

路线 2 形状千奇百怪的岩石（考察熔岩穹丘）

沿着公路走，从圣塞巴斯蒂安到戈梅拉岛中心的距离约为 25 千米。

可以顺着从圣塞巴斯蒂安到旅客车站的公路开始我们这条路线。在这条公路上，走通向格拉布的岔路，在这条岔路上的 2 千米处我们可以看到一座穹丘—熔岩流。就是说，从一个烟囱状的穹丘中流出流动性很大的岩浆，它可以蔓延几百米（图 7.24）。

图 7.24 阿鲁瑟的穹丘—熔岩流，在圣塞巴斯蒂安的西部，左边的那个突起就是穹丘

回到圣塞巴斯蒂安,现在走从戈梅拉岛中心通向大国王峡谷的公路,约15千米处到达贝嘎伊帕拉瞭望台,可以看到,从一个穹丘出口处溢出的熔岩流(图7.25,从贝嘎伊帕拉瞭望台看到的穹丘—熔岩流,位于圣塞巴斯蒂安的东部)。再向前行进约20千米,就到了岩石瞭望台。

图7.25　站在 Vegaipala　观察到的穹丘—熔岩流

(a)　(b)　(c)

图7.26　阿甘多(Agando)粗面岩—响岩穹丘。(a)全景图,叶状剥蚀是由于穹丘从内部(内部地层是最年轻的地层)生长而造成的;(b)穹丘外缘的擦痕;(c)侵出角砾岩

图 7.27　在泰德峰脚下瞭望台看到的卡尔莫纳穹丘(El Roque Carmona)

在那里,我们可以近距离地看到图 2.21 所示的穹丘。公路左边则是阿甘多穹丘(Roque de Agando)(图 7.26a)。在这块岩石的外缘,我们可以研究出它产生的痕迹:挤压产生的擦痕(图 7.26b 穹丘外缘的擦痕),也就是说,是那些熔岩流从穹丘中快速流出给穹丘表面带来的冲击,还有穹丘外缘的角砾岩(图 7.26c 摩擦产生的角砾)。确切地说,在岩石上的破坏痕迹是由穹丘内部压力增大而喷出的气体和气体中的携带物造成的。在公路的右侧是卡尔莫纳穹丘(图 7.27)。萨尔茨达的穹丘其实是由两个穹丘组成的,也有一个很完整的峭壁(图 7.28 萨尔茨达的响岩穹丘 a 为全景图,可看出岩墙与围岩的侵入关系和两个穹丘的最高点,b 为角砾岩)。接着,我们还能看到欧希亚的穹丘(图 7.29)。

从观测点瞭望台再往上走一点,我们就可以看到通向阿拉黑罗得分岔路(在公路的左侧),行驶大约 5 千米处就到达了伊瓜雷洛瞭望台,在那里坐落着佛尔达雷萨穹丘(图 7.30)。这个佛尔达雷萨穹丘熔岩流是由火山 3 产生的玄武岩组成的。它的形状是整个加那利群岛中独一无二的:因冷却形成的柱状节理且穹丘表面呈一定坡度向上延伸。

(a)

(b)

图 7.28　萨尔茨达(Zarcita)的响岩穹丘。(a)全貌。近似垂直的破裂面标志着岩墙是平行于破裂面侵入并成为最高点的;(b)侵出角砾岩

图 7.29　欧希亚(Ojila)的粗面岩穹丘,色彩鲜亮的是左边部分,说明岩墙是在这个穹丘出现之后才形成的

图 7.30　佛尔达雷萨(La Fortaleza de Chipude)穹丘是一个粗面岩—响岩穹丘—熔岩流杂岩体。左边的熔岩流呈柱状接合,而核心部分,也就是中部和右部有呈坡度上升的迹象,用红箭头来表示。请注意,左边的黄箭头标志出火山 3 的熔岩流是如何因穹丘的上隆而变形的

第八章　拉帕尔玛岛:火山之下

1825 年,知识渊博的雷奥帕特·冯·布赫被拉帕尔玛岛遥远而美丽的风景吸引千里迢迢地来到这里。在他考察完整个山谷后,在底部发现了一个巨大的天然圆形阶梯剧场,而环绕这个凹地的是 2000 米高的竖直熔岩墙壁。他认为这些火山是围绕着这个凹地增长的,直到把这个凹地整个的包围起来。突然他想到这样的形状很像那些导游们准备晚餐时用的锅(西班牙语为 caldero),就这样,用不一样的拼法,诞生了破火山口(caldera)这个词,如今这个词被全世界各地的火山研究者广泛的使用。

在前几章中,我们知道了达布丽恩特破火山口的形状是侵蚀的杰作,但是本布什却不这样认为。他认为破火山口这个词只能用在塌陷的火山口上,而不能用在一个已经被侵蚀的火山口上(我们还记得在介绍大加那利岛时,我们用凹地来形容了 tirajana 而不是破火山口)。但无论怎样,科学界的行话总是不能随意改动的。对火山研究者和远足爱好者来说达布丽恩特破火山口是他们的最爱,那里确实是一个得天独厚的地方。走上不到 4000 米我们就可以进入一座深海火山的内部,甚至进入火山的岩浆房中。专家们认为,达布丽恩特破火山口给我们提供了全世界这种类型火山最完整的面貌与格局,远远超过了大会岛(Isla de la Reunion)和美国西北部一些其他的岛屿。

拉帕尔玛岛最引人注意的地方应该是它最近非常地活跃:在整个加那利群岛史上发生过的 16 次火山喷发中,其中的 7 次都发生在这里。最近的两次分别发生在 1949 年和 1971 年。1949 年的那次喷发经历了一个很完整的发展过程,该过程已被很仔细地研究过了,因为这可能会对判断这座岛屿将来的演化会有重大意义。但是火山的主角还是火山口。英国小说家马尔科姆劳瑞在一群墨西哥人的游说下写下了《火山之下》这本书。这些人沿着本布什的足迹探索,首先发现了安古斯蒂亚悬崖,又找到了坐落在约 100 万年前形成在火山之下的天然阶梯剧场;因此按字面的意思得名《火山之下》。

一、地　　貌

从几何学的角度来说,拉帕尔玛岛的几何形状非常的简单,其形状非常像长矛的尖部,并指向南方(图 8.1)。在这个特殊形状上有两点值得强调:第一点是达布丽恩特火山口的一个很大的对角线断裂(15 千米×6 千米)和安古斯蒂安陡坡的河口。第二点就是老峰火山的脊背(自相矛盾的是,这个脊背是这个岛屿中最新形成的,却被命名为老峰),这个脊背由南向北把这个长矛尖部一分为二。让我们觉得非常巧合的是老峰的脊背和达布丽恩特火山口也正是整个拉帕尔玛岛海拔最高的两个部位。拉帕尔玛岛的最高海拔点在达布丽恩特火山口北部边缘的"青年之车"(el Roque de los Muchachos),海拔 2426 米。相对的,老峰的最高点海拔高度也到达了 1949 米,同巨大的大加那利岛的最高海拔高度是一样的。拉帕尔玛岛的地貌给我们

SOURCES

面设计：赛维玉　　责任校对：王　颜

油气资源地质风险分析与管理

ISBN 978-7-5021-6843-8

9 787502 168438 >

定价：60.00 元

石油工业出版社

的第一印象就是陡峭。岛屿北部是相对破火山口极其陡峭的悬崖，而岛屿西南海岸耸立着海蚀形成的高达700米的峭壁。但是，当熔岩三角洲形成时（图8.10b所示），新生熔岩使得海岸线前移，因此，也使得该峭壁离大海越来越远。

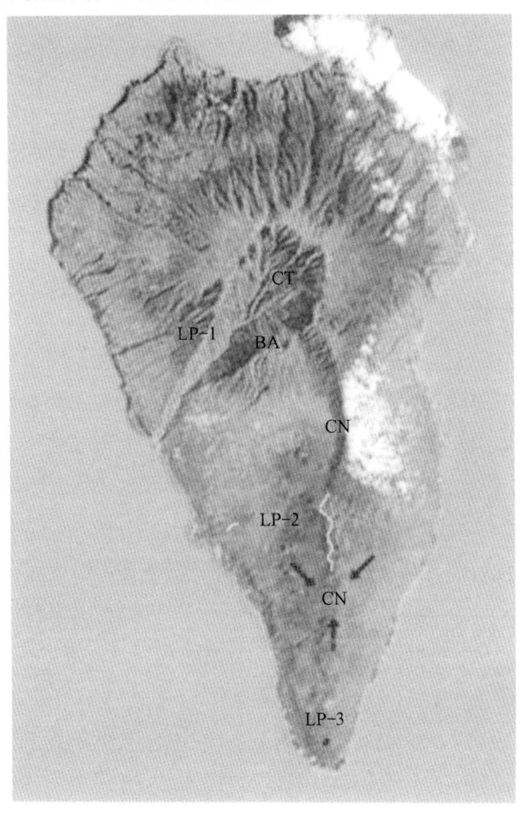

图8.1　拉帕尔玛岛的卫星图，可以看出它主要的地质面貌。CT：达布丽恩特火山口，BA：安古斯蒂亚悬崖，CN：新峰火山的弓形脊背，CV：老峰。上箭头指出的是由南向北方向的构造中轴线，另外还有西北向的和东北向的构造中轴线，LP1－LP3是后面要讲的三条地质考察路线

一张海底图片让我们观察到了很多有意思的东西（图8.2）。第一是老峰在海下向南继续非直线地延伸了20千米。第二是整个拉帕尔玛岛都被山体崩塌的残骸包围了，形状很像特内里费岛（图6.5，图6.6，图6.11）。当然，拉帕尔玛岛的海拔很高让我们很容易理解为什么在这里经常发生灾难性的山体崩塌，这是一个西西弗斯效应的绝佳例子。围绕着这些重力山崩是如何、何时发生的争论一直是比较引人注目的公开问题。

二、地质单元

从拉帕尔玛岛的地质地图上，可以找出六座火山体（图8.3）：

（1）已提及的海下火山，它构成基底；

（2）达布丽恩特火山1，其上部几乎完全被达布丽恩特火山所覆盖；

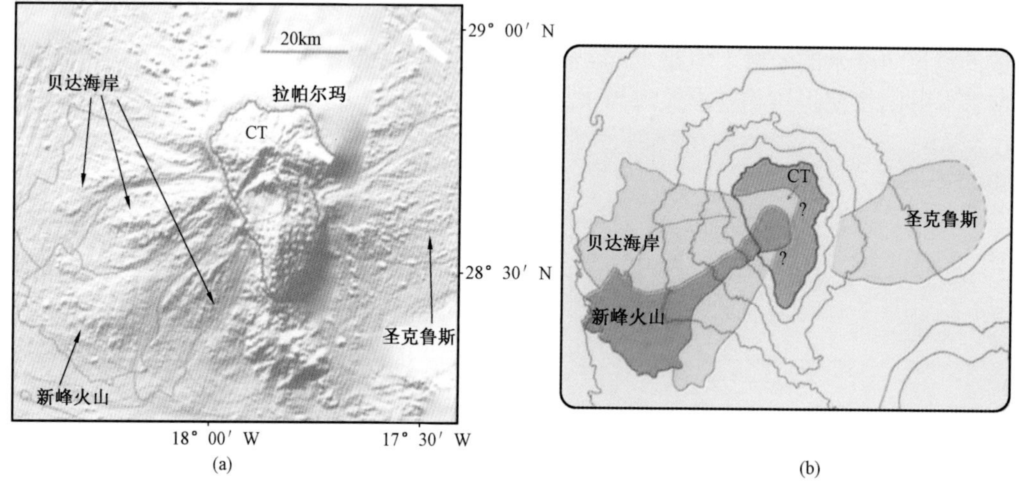

图 8.2　围绕拉帕尔玛岛的海底图片，箭头标出的是安古斯蒂亚悬崖地延伸线。
说明：新峰火山的喷发时间在 40 万到 50 万年前之间，贝达海岸崩塌的时间在 80 万年到 100 万年前，而圣塔克鲁斯的崩塌时间在 100 万年前

(3)达布丽恩特火山 2，是盾火山，它构成了破火山口和整个岛屿北部的外壁；

(4)新峰层火山，因山崩而遭到毁坏（尽管名字叫做新峰，可是它并不是最新形成的）；

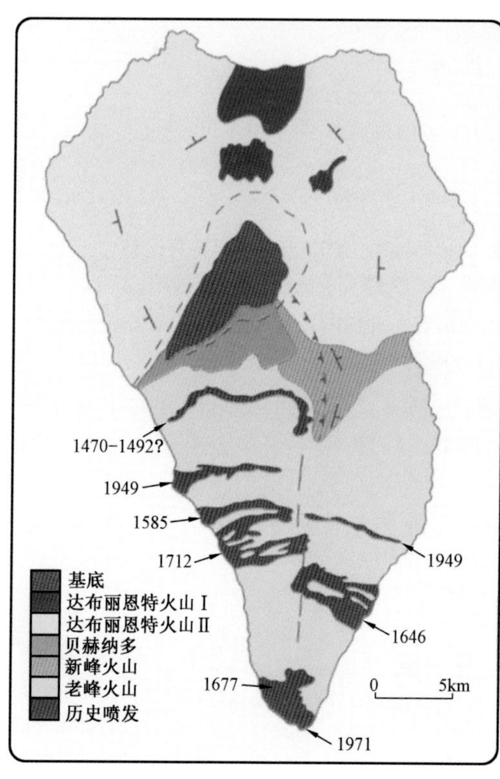

图 8.3　拉帕尔玛岛地质简图。符号 T 表示熔岩倾向（据 En Ancochea 等，1994）

(5)贝赫纳多层火山，一座部分被毁坏的中型火山；

(6)最后一个是巨大的老峰活火山。

拉帕尔玛岛的基底和富埃特文图拉岛与戈梅拉岛基底的不同之处在于：① 含丰富的深海熔岩，（图 8.20）；② 沉积岩罕见，深成岩相对较少；③ 网状岩墙很少；④ 结构构造变化很小。其中最后一点并不令人惊奇，因为在拉帕尔玛岛形成时期（400 万年前到 300 万年前之间），加那利群岛地壳变形的几大阶段已经完成。虽然最近的地震现象表明，板块之间的碰撞并未完全停歇，但对这座岛屿的影响并不大。另外几点也可以解释，为何我们所看到的拉帕尔玛岛的基底侵蚀程度低且没有其他两个岛深。在富埃特文图拉岛与戈梅拉岛，大多数沉积岩都来自大西洋海底并且早于岛屿形成期，海下火山岩体大部分都被侵蚀了。然而，拉帕尔玛岛基底上仅有的沉积岩与深海熔岩同时形成，呈小椭圆形。由于这些沉积岩掺杂在深海熔岩中，因此其深成岩的根源暴露较少。图 2.18 可以让我们更好地看出基底之间的区别。

从结构的角度来看,拉帕尔玛岛基底最突出的特点就是,它很严重地倾斜(甚至到了50°,图 8.4),顺着其层理方向,会看到一条更深的断面,这就是安古斯蒂亚悬崖。在该悬崖,3500 米深的断层上堆积了 1800 米的枕状熔岩。这些枕状熔岩随着深度不同纹理也会发生变化(外观上)。确切地说,当超过 1200 米深时,因内部压力太大,一些气体会从岩浆中分离开来。因此当我们在枕状熔岩上发现石泡时(就是古时形成的气泡),我们就可以断定它是在 1200 米以上的深度形成的。气体在 700 米以下的深度大量产生,此时会出现角砾岩,它的出现说明有大规模的气体爆发或者说存在一个气体阶段,在该阶段气体分离时冲断熔岩。

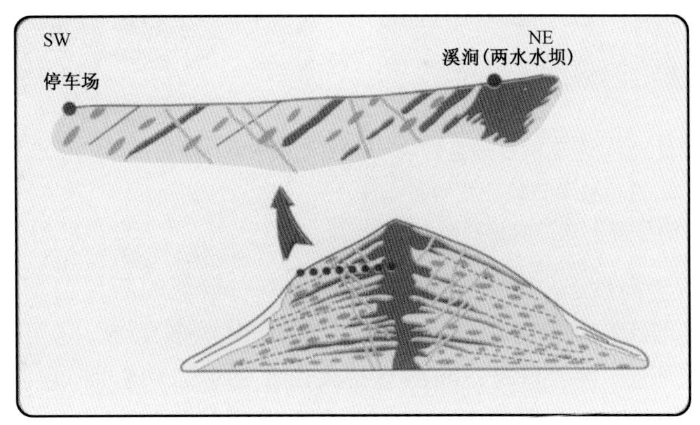

图 8.4　深海火山基底的结构图,椭圆代表枕状熔岩,
红色的层是岩床,蓝色层是岩墙。同时请参见图 8.20

深海山系被几个小的纯玄武岩火山(有的是粗面岩火山)分成几个部分,整个山系都是在很平坦的深海底生长的。就像如今位于海洋脊背的山体一样,它们的生命也很短暂。由于它们喷发出的熔岩在凝固前可以流上好几千千米,我们可以认为它们喷发的规模还是相当大的。在这些火山的生长过程中经历了崩塌,这点我们看深海残骸就可知晓(在拉帕尔玛岛路线 1 中将具体讲到)。熔岩最高喷发到 1800 米左右,在安古斯蒂亚悬崖的东北边缘的“双水”区岩层外露。而最低处的熔岩显露在岛屿西南部的海面处(图 8.4)。这些枕状熔岩被三组岩墙穿过:一些岩墙纵向侵入(现在看来同整个山系一样都是倾斜的);一些是水平侵入的(这些岩墙作为水平地层侵入,当然现在也已经倾斜了,在图 8.20 中可以看出两种侵入方式的不同之处);最后一种则是在基底倾斜后才垂直侵入的,所以现在仍是垂直的。正是这些熔岩管道组成了达布丽恩特火山(图 8.7)。

在破火山口深处露出来的深成岩是辉长岩(图 8.5)。这些辉长岩与深海熔岩的接触面被网状的岩墙所覆盖。还有一点值得注意的是,并不是达布丽恩特火山口的所有辉长岩都属于基底,因为在达布丽恩特火山Ⅱ的根基处存在严重的侵蚀作用,那里的根基由含碱非常高的辉长岩组成。同富埃特文图拉的基底上的岩石一样,那些更深的深海熔岩因为在岩浆房附近经常有水环绕而严重地变质。也就是说,海水渗入岩石,并使其温度上升,通过裂口侵蚀岩石从而使岩石发生变质,我们称之为热液变质作用。在这个过程中会产生一些绿色的物质（如绿泥石，它是云母的变质产物），正因为如此安古斯蒂亚悬崖的上部分岩石才都呈现出灰绿色色调（图 8.17b）。

图 8.5　基底上的辉长岩，它上面的纹理是岩浆房中晶体堆积的结果，这也很明显地让我们看出这块石头在原来的位置上有了明显的倾斜

图 8.6　基底顶部角砾岩，Bombas de Agua 区

在基底上，有若干高度不一的杂乱的断层（图 8.6），较低的断层已变形，应该是同一基底的一部分。相反，较高的断层由一个玄武岩层火山残骸组成，它可能是达布丽恩特火山Ⅰ一次崩塌的轨迹。接着就是达布丽恩特火山Ⅱ的熔岩和岩墙，它们组成了火山口壁（图 8.7），并被第三座层火山，即新峰火山的一个断层所分割（图 8.26）。而该火山仅在破火山口南部留下了相对较少的残余。贝赫纳多火山同前面所提到的几座火山一样，也是一座玄武岩层火山，它组成了火山口南部现在的火口壁。这座贝赫纳多火山一直经受着严重的侵蚀作用，安古斯蒂安峭壁河口处各为“安泰”的冲积扇，其沉积岩在当时部分形成（图 8.8）。其他的沉积岩，包括海滩沉积岩在内，都在这之后形成，这一点与破火山口那些因侵蚀挖掘效应生成的角砾岩相同。这些角砾岩不仅出现在河口，还出现在那个大的天然圆形阶梯剧场的内部，也就是著名的穹丘系列角砾岩（图 8.9）。当然，还有一些较大的角砾如今因被风蚀作用破坏而不见了。

图 8.7　Taburiente 破火山口壁。Taburiente Ⅱ火山的碎屑火山岩层（红色的）、岩床（水平白色线条）、岩墙（垂直白色线条），均与基底呈不整合接触，基底是岩石颜色较浅的下面部分。地点 Verduras Afonso 区

拉帕尔玛岛上最后形成的火山体就是老峰火山了，它形成了岛屿南部的脊背（图 8.10）。老峰火山是一座多元成因的大火山（因而可以与位于特内里费岛的脊背火山相比），它总共占地 220 平方千米，呈现出很多陡峭的斜坡（图 8.11）。在老峰火山上还发现了很多蒸汽喷发的、蒸汽岩浆喷发的穹丘和响岩穹丘（图 8.12）。

(a)

(b)

图 8.8 时峰的沉积岩。(a)为全景图,沉积岩同达布丽恩特火山Ⅱ的熔岩界限明显;(b)图为底部特写,在底部海岸物质和峭壁沉积物均有所变化

(a)

(b)

图 8.9 穹丘系列角砾岩。(a)图为达布丽恩特火山口的葡萄园岩石;(b)图为流动构造的角砾岩,这说明这些物质的一部分在熔结凝灰岩喷发过程中被喷出

(a)

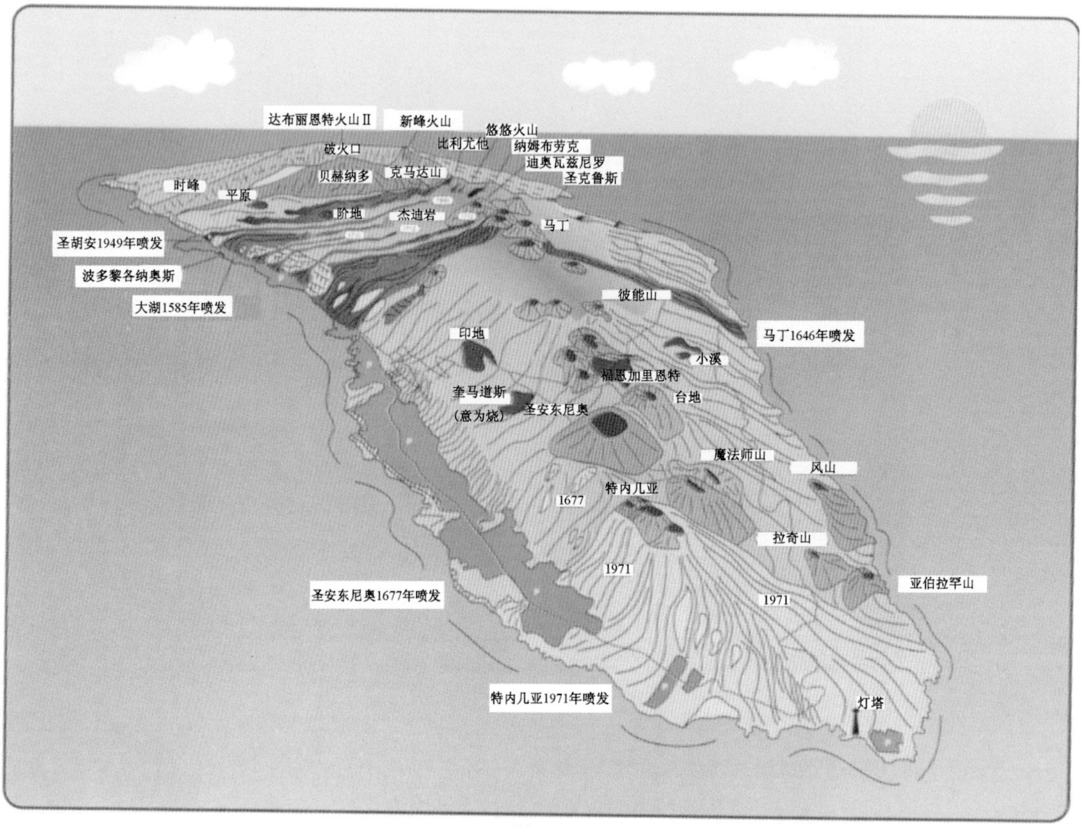

达布丽恩特火山Ⅱ
新峰火山
悠悠火山
破火口
比利尤他
纳姆布劳克
迪奥瓦兹尼罗
贝赫纳多
克马达山
圣克鲁斯
时峰
平原
阶地
杰迪岩
马丁
圣胡安1949年喷发
波多黎各纳奥斯
大湖1585年喷发
彼能山
马丁1646年喷发
印地
小溪
福恩加里恩特
奎马道斯
（意为烧）
圣安东尼奥
台地
魔法师山
风山
特内几亚
1677
拉奇山
1971
亚伯拉罕山
圣安东尼奥1677年喷发
1971
特内几亚1971年喷发
灯塔

(b)

图 8.10　老峰火山。(a)图为从时峰瞭望台看到的全景图;(b)航拍整个岛屿的俯瞰简图,(p 为香蕉园,Carracedo 和其他地区)在线路 2 中和线路 3 中会遇到

(a)

(b)

图 8.11　老峰上的两个锥体。(a)为彼诺(Pino)火山上的火山渣锥;(b)与拉帕尔马岛的圣·克鲁斯(Santa Cruz)毗邻的环形破火山口,它由蒸汽爆发火山灰构成

图 8.12　老峰上的两个针状响岩穹丘,1585 年大虎牙火山熔岩从这两个穹丘喷发。请注意:两个穹丘被一条由西向西北方向的断层切断

三、构　　造

刚开始大家都认为深海火山的凸起是地壳构造发生变化的结果,但最近被人们普遍认可的一个观点是:它是岩席侵入的结果(图 8.4),这正好可以解释为什么中间部分比边缘部分高出很多。但是,断裂对达布丽恩特火山口起源可能具有的影响,一直是争论的焦点。在本章节最后一部分我们会详细讲这一点。有些专家认为,正是这个可能存在的断裂造成了大规模山体崩塌并形成了这个火山口。但我们看到,从那个地区找到的资料并无法支持对这场灾难的假想。

老峰的形成一定是地壳构造变化的结果！当火山运动由北向南传递时,我们可以说同特内里费岛一样,在拉帕尔玛岛上也存在着三条构造中轴线(图 8.1),它们的方向分别是向南、向西北、和向东北的。同特内里费岛上的三条构造中轴线一样,这三条构造中轴线上的一条处于支配地位,而另外的两条则处于弱势地位。如果东北向的中轴线最完美的标志物是脊背火山的话,那么南—北向的中轴线则集中了大部分的火山活动;如果说特内里费岛上的那条向南方向的构造中轴线起的作用不大的话,那么拉帕尔玛岛上的这个角色就要归于西北向的那条构造中轴线了。但尽管如此,拉帕尔玛岛历史上的火山喷发大部分发生在这条构造中轴线上。两个例子可以说明构造中轴线的重要影响:首先如图 8.12 所看到的那样(它由西向西北的断裂引起了 1585 年的喷发),还有图 8.13(班克平原上同一方向的裂缝引起了 1949 年的喷发)。还有一点非常有意思,就是三条构造中轴线的交汇处,正好位于 1949 年发生大喷发的黑洞火山(Volcano Hoyo Negro)那里。

图 8.13　1949 年,海岸边海平面上喷发断裂。断裂走向 W - WN,火山喷发在其壁上留下的痕迹(据 Alfredo Hernandez - Pacheco)

北向南的构造控制作用不仅体现在火山的排列位置上,还体现在那些接力式出现的断层上(图 8.3 和图 8.25)。这些很明显的断裂似乎在火山喷发中再度复活,它们也成为了让那些研究加那利群岛火山喷发风险的科学家们担心的原因之一。关于这个话题将在拉帕尔玛岛路线图 2 中详细讲述。

四、拉帕尔玛岛的演化

在加那利群岛的所有岛屿中,毫无疑问拉帕尔玛岛的形成过程是最有研究价值的。拉帕尔玛岛形成于 400 万年前,当时在海下 4000 米深处的这座深海火山开始出现裂隙,很快这座深海火山的喷发就开始了。100 万年的时间,海平面上就出现了一座巨大的火山锥。随着时间的推移,这座深海火山喷发的特点从平静变成了狂野。随着熔岩以较低的压力喷发出来,这座深海火山经受了多次滑坡,但在火山喷发频繁阶段,山体得到恢复:仅在其中一个高喷发阶段的一次岩浆喷发活动中,山体就增高 300 米! 但在 300 万年前,这座深海火山不断接近海平面,大量存在的玻璃状碎屑物(它是熔岩和火山玻璃的散屑沉积物,遇水即破)和火山碎屑物揭示了这个事实。当这座深海火山终于露出海平面时,它的结构如同一个巨大的锥体(图 8.4)。很快这个基底就被多次的崩塌破坏了原有形态(在基底上出现裂隙),甚至它的岩浆房都因破坏而暴露出来(见火山口的辉长岩)。

这个破坏过程一直持续了 100 多万年,因为在 170 万年前出现了拉帕尔玛岛历史上的第一次火山活动,那就是达布丽恩特火山Ⅰ的喷发(图 8.14)。达布丽恩特火山Ⅰ从这座深海火山的北部长出,在基底上的一些裂隙应该是由此产生的(图 8.2,还形成了一些深海火山的崩塌残骸)。接着就是达布丽恩特火山Ⅱ的崛起了,它是一座圆形的盾火山,它的主火山口和深

海火山的火山口基本位于同一地点。火山口壁在内部,已经被很严重的侵蚀了。可以肯定达布丽恩特火山Ⅱ的形成过程是非常快的,在80万年前到60万年前之间。但是如今它的火山口已经不存在,我们设想在它的火山口被埋盖之前,一定经历了多次火山活动。

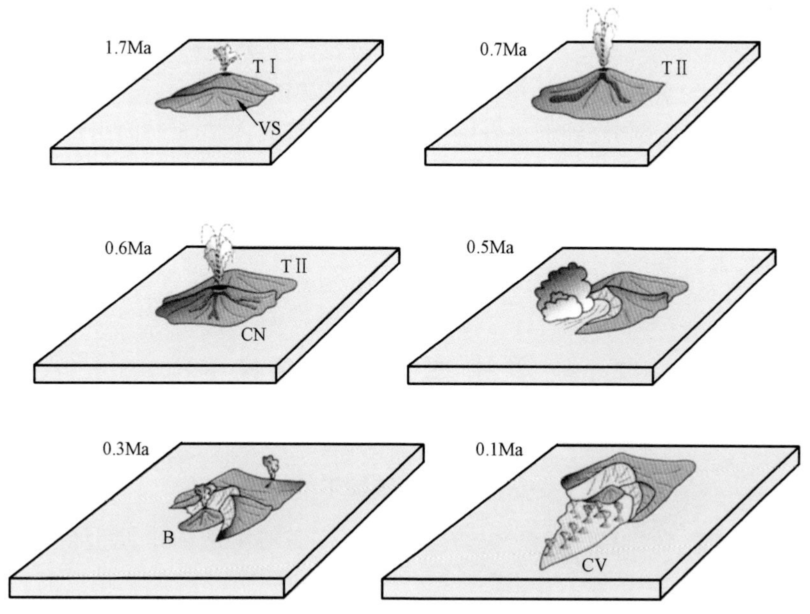

图8.14　拉帕尔玛岛的演化图,在深海火山VS上的一系列活动。TⅠ是达布丽恩特火山Ⅰ,TⅡ是达布丽恩特火山Ⅱ,CN是新峰火山,B是贝赫纳多火山,CV是老峰火山

其中,第一次(火山)活动就是,不知什么缘故达布丽恩特火山Ⅱ的火山活动突然停止,仿佛把火炬传递给更往南的一座新火山,我们称之为新峰火山。新峰火山在达布丽恩特火山南部边缘生长(高度超过3000米),它就像一个由很多大火山堆积而成的城堡(深海火山体),它的顶部主要被很多的碎块状物质(玻质碎屑和火成碎屑)覆盖。大约在50万年前,当新峰火山正处于活动高峰期,新峰火山的三分之一向西南方向发生了坍塌,坍塌是由一次特殊的边缘断裂引起的,而此次断裂在大西洋洋底结束(新峰火山的山崩见图8.2)。另外,新峰火山的坍塌还造成了岩浆房内部压力的减小,因此在一些地方火山活动"死灰复燃"(圣·海伦效应,图1.18)。就这样,贝赫纳多层状火山开始形成。

最终,当达布丽恩特火山口被发掘出来后,专家都认为这个令人惊奇的凹陷是在一次灾难性的崩塌中形成的,但是有很多资料与这个假设是矛盾的:

(1)达布丽恩特火山口的形状(非常封闭的椭圆形)一点都不像真正的坍塌所形成的残骸,如特内里费山谷那样;

(2)垂直的火山壁并没有出现像勺子形状的裂口(山体崩塌后的典型特点,以图9.1为例),而是形成了因侵蚀作用而有些倾斜的峭壁;

(3)由于火山的喷发导致岩浆房内部压力减小,从而形成塌陷破火山口;

(4)研究山峰的沉积岩后发现,没有一块像常见崩塌后形成的形状。

总之,达布丽恩特火山口似乎是新峰火山崩塌后形成的侵蚀性凹陷:这个火山口的边缘部分相当地不稳定，而且侵蚀作用大大地增加了它的不稳定性。山峰的沉积岩是这个毁灭性过程中产生的残渣，这些沉积岩在火山口和贝赫纳多的出口处堆积起来。但是，为什么严重的侵蚀只发生在火山口呢？也许安古斯蒂亚悬崖与一个大的断裂相连，而这一假想有若干个支撑点：东—北方向是该岛最明显的走向，这是毋庸置疑的，而安古斯蒂亚峭壁正好坐落在这个方向上。另外，萨乌塞斯峭壁（图 2.10 和图 8.2）构成了安古斯蒂亚向东北方向的几何延长线，而海底深处地貌重新改变更使得这一断裂区在海下得以继续延伸。

在这一演化史的最后部分，我们来看一下达布丽恩特火山口为何向南偏离？这种偏离有两个原因：最明显的就是形成了老峰火山，该火山位于三条构造轴汇合的三重点上；但同时，当火山口附近的熔岩喷发突然停止时，如此重要的一处地貌毫不费力地被侵蚀并形成坳陷。而正是该坳陷的名气吸引本·布什前往该群岛。

五、地质考察路线（图 8.1）

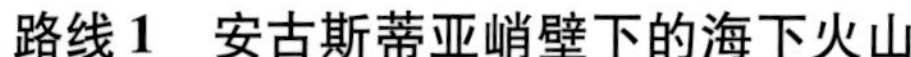

路线 1　安古斯蒂亚峭壁下的海下火山

图 8.15　无定形枕状熔岩。由于压力较小，枕状熔岩的管道扩张、破裂、最终形成分支，从主管道中独立出来。还请注意这些大量的石泡（这些石泡是低压的又一特征表现），现在已经被不同的白色矿物质填充了

在阿里达内平原上，一条向右的岔路就是通向安古斯蒂亚峭壁的入口。大路变为小道，小道的尽头是安古斯蒂亚峭壁脚下的停车场。在陡坡上有一条不长的、由骡子踩出的小路。顺着这条路走一段，当然在旱季时还可以沿着河床走。刚开始，就可以发现不同类型的枕状熔岩，但是其中一些是无定形枕状熔岩（图 8.15）。这种无定形枕状熔岩一般喷发高度较低。继续向东北方走，直到看到一个混凝土梁为止，这又是一个被搁置的年久的工程。在这个混凝土梁下面可以清晰地看到海下熔岩倾斜的证据：大量的枕状熔岩，其中一些体积非常的大，它们同枕状熔岩角砾岩被 130°、40°南向的地层分开（图 8.16）。这种结构使我们知道，就如可以从图 8.4 种推断出的一样：当逆峭壁而下时，我们将能看到海下火山越来越深的层面。

大约 100 米的水上，即一座桥梁穿过峭壁的那一点，有枕状熔岩碎块成分的沉积物露头（图 8.17），这是海下火山边缘发生浊流崩塌时造成的产物。

继续逆峭壁而下 100 米，可以看到一个玻质碎屑地层（图 8.18），它是由火山物碎块形成的细粒碎屑沉积。其交错的层理表明，该物质被水流卷带而来并与非火山沉积物混合，大量化石的出现也确认了这一推论的正确性。

图 8.16　大量的枕状熔岩位于在枕状角砾岩上。锤子柄指出了这座深海火山增长时形成的倾斜 40°的层理平面。这些角砾岩熔岩在浅海底部喷发,它与大量枕状熔岩的共存揭示出中性喷发的深度约为 700 米

(a)　(b)

(c)

图 8.17　深海火山侧面的一次崩塌堆积的枕状熔岩碎块,还可以参看图 2.18。在图(a)中这些碎块是松散的,但图(b)中的这些碎块由一种透明碎屑状的物质固结在一起。(a)的岩墙变质为枕状角砾岩(白颜色);(c)(左边的)角砾岩和(右边的)岩墙相交的放大图。岩墙分散出的热量引起次生矿物在嵌入岩中生长(之后变质,呈白色)。热量在岩墙边缘快速冷却,因而未有时间促成晶状物质的生成,但其内部却有晶状物质生成(本图右侧部分)

从这里开始我们进入了深海火山里较深的部分(超过了 1200 米),为什么这么说呢? 因为这里枕状熔岩碎块逐渐减少,而取而代之的是完整的枕状熔岩(图 8.19)。这些熔岩形状多样,给我们提供了关于喷发和沉积等条件的信息(图 8.20)。在玻璃状碎屑物水上 500 米处,会发现陡坡向左边有一个很急的拐角。在那里的玄武岩主体上发现了一段由纯橄榄岩石块组

(a)

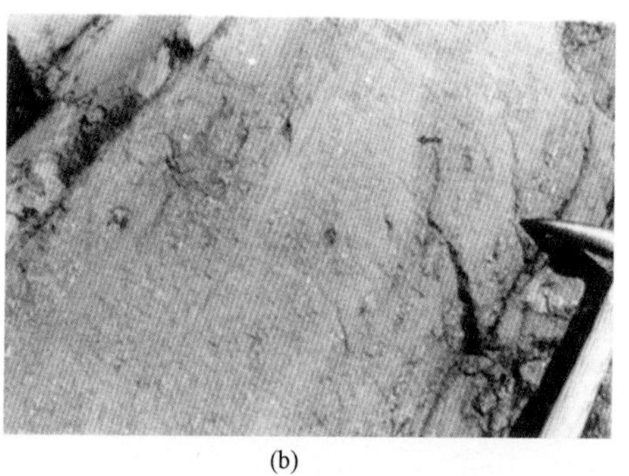

(b)

图 8.18 (a)玻璃状碎屑地层，该地层中的熔岩流混合了火山物质和生物物质。其层理与锤子手柄平行，正如图(b)所示，一些层理平面相对于其余部分倾斜(交错层理，红色箭头)，这揭示了侵蚀和沉积交替的环境。蓝色箭头揭示出其他化石部分

成的岩墙，可以称这段岩墙为角砾岩岩墙，因为上面的碎块实在太多了(图 8.21)，这也可以说明离岩浆房越来越近了。就像在第三章讲述的那样，组成纯橄榄岩的橄榄岩是一种在岩浆房中堆积的密度很大的物质，只有在高能量的喷发中才可能被喷出，橄榄岩由于受岩浆内的挥发性物质的侵蚀而呈现出圆形，因压力作用而侵入到岩墙中去：这些橄榄石在岩浆这个充满能量的“河流”中游走，相互之间会发生激烈的碰撞。

沿途所见之处都是大块的枕状熔岩，但它们大多都被人为地钻孔而破坏了原始状态(图 8.22)，从这里开始，我们将会看到岩墙的密度增加(图 8.23)，还可以发现少量的白色物质侵入岩石：这是一种变质的粗面岩。而路线 1 的考察也在两水水坝处结束了(图 8.24)。

路线 2　沿着火山之路观察火山口和 1949 年火山喷发出的熔岩

火山之路其实就是顺着 GR131 公路上标出的小路徒步行走(来回十千米)，还可以加上一

图 8.19　深海火山深区和浅区之间的过渡带露头。在左边区域主要是枕状角砾岩，在右边区域有更多的完整的枕状熔岩

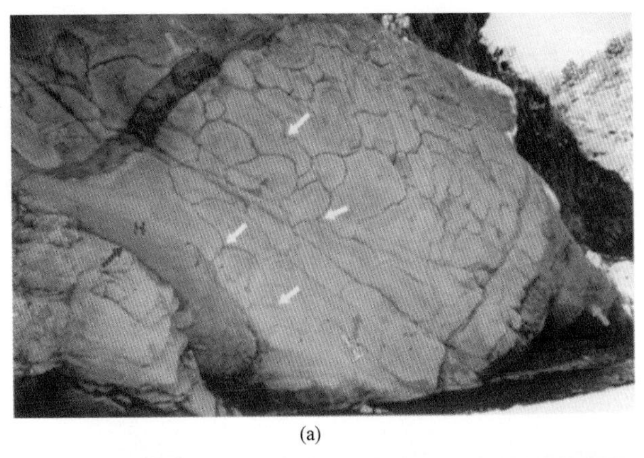

(a)

(b)

图 8. 20　(a)空心枕状熔岩露头,这些大块的枕状熔岩是深处山体崩塌留下的最好证据。绿色箭头指向分层平面,黄色箭头指向矿物层底部恰好在枕状熔岩结束的地方,红色箭头表示一个岩席,就是一个平行于分层的岩墙,蓝色箭头指向倾斜的深海火山的岩墙;(b)在松动的火山块中不同大小的枕状熔岩,绿色的裂块物质就是玻璃质碎屑物

段驾车的路线(约 25 千米),看看在兜兜盖(Todoque)和圣尼古拉斯(San Nicolas)之间的熔岩流。

1949 年的火山喷发是 6 月 24 日从杜拉斯内罗火山的一个裂隙开始的,整个喷发过程持续到了 7 月 8 日(图 8. 25)。那天白色平原东北方向的一条三千米长的裂隙发生了喷发,它喷发出的熔岩流一直到达了纳尔港口的西海岸,并且在那里形成了熔岩三角洲。7 月 12 号,据杜拉斯内罗火山向北 700 米处的悠悠火山开始了剧烈的喷发,这次喷发一直持续到了 27 号,之后的三天维持了短暂的平静。但是在 7 月 30 号又再次发生喷发,这次喷发只持续了 12 个小时:杜拉斯内罗火山在那天喷发出了大量的熔岩(还有很多的孤残峰,这是岩浆房上部塌陷造成的),这些熔岩填平了火山口脚下的凹地后又溢出来向东继续漫延,熔岩流一直到达了海岸。很明显这三个喷发中心在深处有断层体系相连,因为它们几乎是同时开始和停止活动的。

关于这次喷发,有许多尚未解决的疑问。一方面,1936 年从达布丽恩特火山口开始的地震(如图 2. 1 所示)一直延续到了岛屿的南部,这个现象使很多人认为纠风火山岩浆来源于那些老的火山的底部。另一方面,与 1949 年火山喷发相关联的断层一直是争论的焦点,全球的火山研究者都在争论是否这些断层意味着老峰火山将来还有再次喷发的可能性。

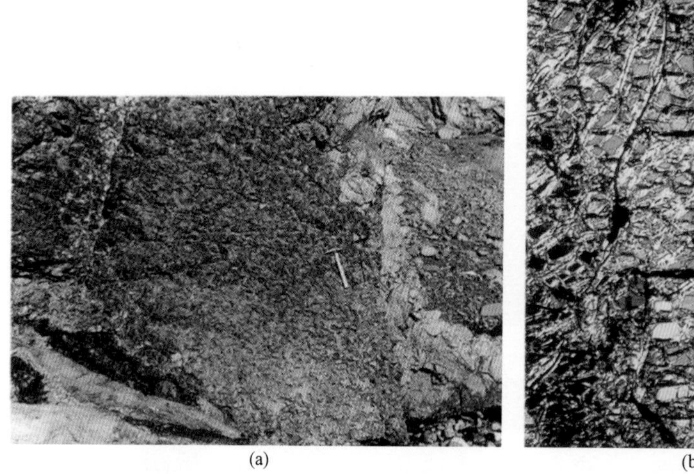
(a) (b)

图 8.21 (a)在玄武岩主体上有一段由纯橄榄岩组成的角砾岩岩墙;(b)一块岩块在显微镜下的放大图,那些有颜色的晶体是橄榄石,黑色的为磁铁矿,泛黄色纹理状的是蛇纹岩。这些晶体排列的顺序说明纯橄榄岩承受的压力相对较大。可以同图 4.26 做比较

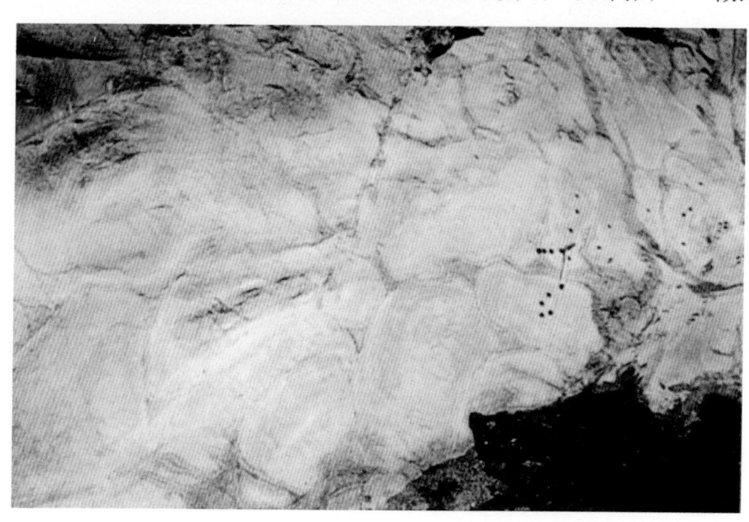

图 8.22 这块巨大的枕状熔岩露头上共有 42 个钻眼,都是科学家们为了研究岩石的古磁力学取样时留下的

从圣克鲁斯驱车走平原公路,大概行车 20 千米处,也就是刚过高峰隧道(这个隧道正好穿过新峰火山)没多久,就有一条通往比拉尔防空洞的岔路,也就是 GR131 路。这条路几乎贯穿整个岛屿,过了防空洞继续向南行驶,一段缓坡路将我们带到了比利勾由瞭望台,在那里我们可以更好地观看北部的那些火山,例如:达布丽恩特火山 Ⅱ、新峰火山和贝赫纳多层火山(图 8.26)。非常小心地沿着这条小路继续前进,我们穿过了三座喷发中心火山之间的一条断层(图 8.27),再往前一点就到达了悠悠火山(图 8.28)。

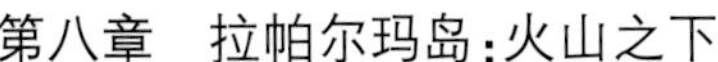

图 8.23　在深海火山深部，岩墙占整个岩石的 90%

图 8.24　两水水坝，是整个路线的结束点，也是 Taburiente

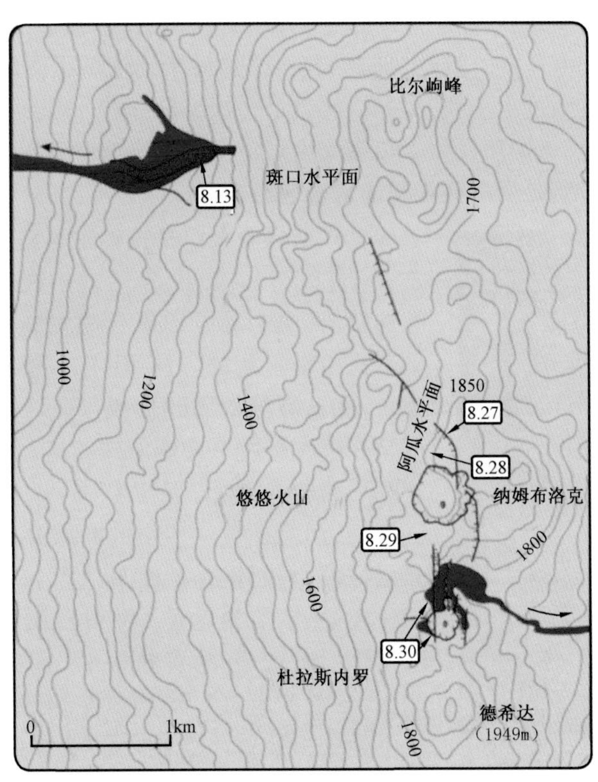

图 8.25　1949 年喷发中心示意图：两个火山口坐落在由南向北的方向，还有一条由西向西北方向的断裂。方框内数字表示相关图片的序号

图 8.26 坐落在拉帕尔玛岛北部的比利尤他(Mirador del Birigoyo)瞭望台所看到景象，最里面的是达布丽恩特火口壁，用 TⅡ 表示，在它前面是贝赫纳多层火山 VB，在它右边是新峰层火山 CN，在最前面是安立奎山 ME，它是老峰火山的一个锥体

火山口内部(右边)被一条填满碎石的断层占据；边缘部分(左边)有火山灰层(请注意相互交叉的岩层，图 8.28 所示)。(b)图为火山灰层的近视图，火山块砸在火山灰层上面形成了塌陷，用红箭头标出，但并未使之移动(蓝色箭头)。这种活动留下了两种非常不同的沉积物：一些是在火山口内部的大的火山块，另外一些就是在边缘部分的、分层很明显的堆积物。第一种沉积物的形成过程是：火山喷发将卡堵在火山烟道上的石块喷射到高空，之后它们又重新跌倒到火山口中。第二种则是由那些堆积的火山灰沿着边缘向外溢流的结果。

图 8.27 这是 1949 年喷发形成的三米深的断层

杜拉斯内罗火山是拉帕尔玛岛上最有趣的火山锥体之一(图 8.29)。1949 年活动的火山口是由北向南的裂隙连接的(图 8.25。1949 年喷发中心示意图：两个火山口坐落在由南向北的方向，还有一条由西向西北方向的裂隙)。在这裂隙周围还形成了三个火山渣锥。在它们之下是在喷发最后一天被冲破的熔岩湖。有迹象表明如今这座岛的构造仍处于活动状态：这些直接断层的外观不仅很新，而且还被一些小的断层穿插。争论一直围绕着断层深度继续增加而展开：它们只是简单的火山断裂吗？还是，恰恰相反是那些可以引起严重塌陷的勺形裂隙(图 9.16)？有的迹象表明，答案可能是第二种！例如：大多数的断裂好像同岩浆房没有任何联系，因为它们不是排出那些气态物质的地方(图 8.27 没有喷气孔的迹象，不同于图 8.29 中所示的那样)。另一方面，有一些沉积物不停地向岛屿的西部以及现在极其陡峭的老峰滑动，就使得杜拉斯内罗火山成为再次经历西西弗

(a)

(b)

图 8.28　悠悠(Hoyo Negro)火山口。(a)全景图。火山口内(右侧)被角砾岩碎屑岩层所充填,碎屑岩层是蒸汽爆发堆积而成;边缘(左侧)是火山灰层,是厚层火山碎屑形成的(交错层理注释,图 5.33);(b)火山灰层近视图。爆炸形成的岩块以弹道轨迹落于火山灰层之上形成弹坑(如红色箭头所示),这种弹坑并非由火山灰层膨胀变形搬运而形成

效应的"第一候选人"。现在尽管还没有确切的答案,但将来火山的再次喷发是有可能的,因为不断侵入的岩墙和围绕岛屿的地震都加大了它的不稳定性。但是我们还不能预测究竟是什么时候。

为了考察完 1949 年熔岩流,我们还需要再驱车行驶一段路程,先到巴索再向福恩加里恩特方向行驶。在圣尼古拉斯处,我们走向左分叉的公路,这条公路通向兜兜盖村。在到达这个村庄前,这条公路恰好穿过灰白色熔岩台地(图 8.31)。这里的熔岩流呈现出悦目的结壳熔岩构造。

路线 3　特内几亚火山

从福恩加里恩特走公路大概用不了十分钟就可以到达特内几亚(Teneguia)火山了,这座火山在 1971 年 10 月到 11 月间喷发了 24 天(这本书封面的大图就是此次喷发的情景)。特内几亚火山是一个经历了斯通博利型喷发的火山渣锥。在喷发过程中,它一直喷发出炙热的熔岩,熔岩流一直蔓延到底部。还有一点不是很清楚:这座火山的喷发和 1949 年那次的喷发是否有关系?但是,有人认为地震引起这座火山喷发的可能性远远大于前者。但那时候,地震多数集中在福恩加里恩特的南部,距离后来火山喷发地方很远。也有人说可能是一些岩浆填充了裂隙(也就是说,侵入了岩墙),但岩浆并没有溢出地表,也就是在这个地方,22 年后特内几亚火山形成了。

在到特内几亚火山的路上,路经圣安东尼奥火山(图 8.32)。这座火山是一座 200 米高的巨型火山渣锥,它曾在 1677 年喷发过。但可笑的是,一些自作聪明的福恩加里恩特市政府官员决定要收取进入顶部的费用,就因为那里有几只可以骑着观光的可怜的骆驼;但庆幸的是参

(a)

(b)

(c)

图 8.29 (a)全景图:LL 是过渡性熔岩湖,白线是裂隙,FD 是构成构造中轴线的直接断层,最后面是老峰火山的最高点,得瑟亚达峰;(b)周边的锥体,黄色为活动区域;(c)围绕着一个火山口的火山渣近视图

观特内几亚火山仍然是免费的。行驶在公路上我们看到的火山全景与 1971 年的样貌是截然不同的(图 8.33)。火山喷发时形成了熔岩流(图 8.34),在裂隙上我们还能看到很多个喷气孔(图 8.35)。特内几亚火山是加那利群岛中唯一一座被详尽拍摄到整个喷发过程的火山,这也使我们可以联想到其他火山喷发的壮观景象。

(a)　(b)

图 8.30　Duraznero 处的断裂。(a)熔岩湖边缘的垂直断层;(b)溅落形成锥体上部的断层(笔直断层,倾向 NS,倾角 35°)。请注意:断层面的两侧有裂缝穿过,因而岩石重新开始移动

(a)　(b)

图 8.31　(a)灰白色的熔岩台地,顺着老峰火山的西侧面下滑,覆盖了圣尼古拉斯村;(b)结壳熔岩构造

图 8.32　坐落在福恩加里恩特的圣安东尼奥火山,它是一个附属于特内几亚火山的火山口

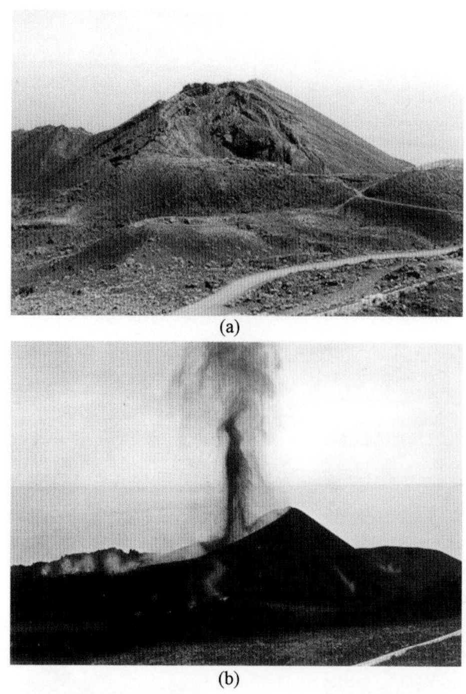

(a)

(b)

图 8.33 (a)如今特内几亚火山的样子,下面一幅图所示的熔岩流是从中间的火山口流出来的,而这个火山口是在喷发的最后阶段才打开的;(b)1971 年 10 月喷发时照片

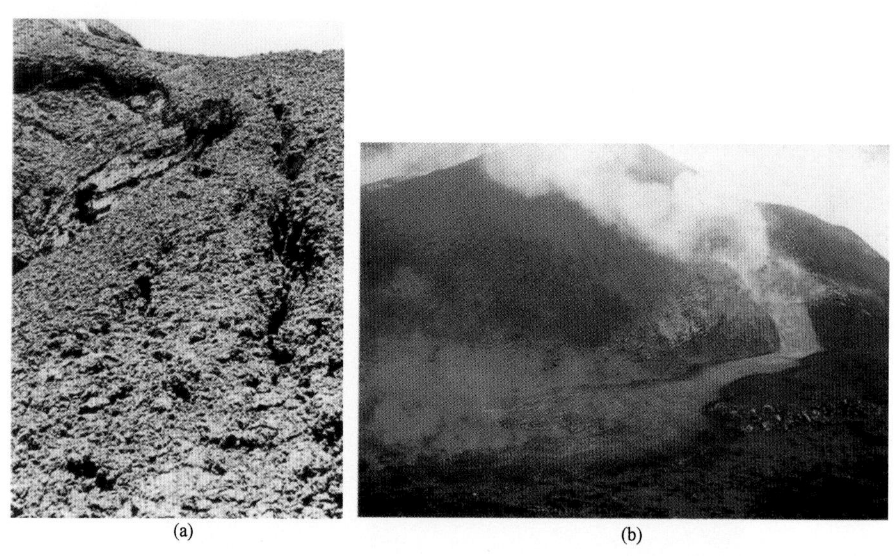

(a)

(b)

图 8.34 (a)特内几亚火山的熔岩流;(b)1971 年喷发时形成的一条熔岩河

图 8.35　(a)特内几亚火山上的一条裂隙,表面上还有硫黄产出;(b)喷发六个月后的照片

第九章 耶罗岛:一个坐落在大西洋上的阳台

从耶罗岛的整体特征来看,若拿它来与整个加那利群岛中最大的特内里费岛来比较,耶罗岛是一座非常小的岛屿。但是这两座岛屿都形似金字塔状,而且两者的纵断面都是因灾难性崩塌造成的。可以说特内里费岛如今是一座大的火山,而耶罗岛则是一座高原,但是这种说法并不很令人心服口服。如果可以像那些在几个小时内放映的电影一样倒带,倒退到10万年前,就可以在耶罗岛上看见一座高2000米的小泰德火山,而这个岛屿在大西洋上的历史已有100万年了。

罗马人最初给这个岛屿起了一个很有侵略意义的名字,叫Fluvialia(罗马文)。之后又改名为Ferro,也许因为岛屿上的大多数玄武岩都被氧化的缘故。但是关于这个岛最著名的逸事发生在1884年,当格林威士来到了这个岛屿后,他说这个岛屿的最西点,也就是巴尔布德,位于本初子午线之上,为零经度。从地质学的角度来看,经常被人们忽略却非常重要的一个事实是:耶罗岛是整个加那利群岛中锥形火山密度最高的。一个引起众多地质学家关注的资料谈到:这个岛屿最活跃的地方应该是在岛屿的最西边。下面是关于这座岛屿的地貌、构造等更多、更好的解释与描述。

一、地 貌

耶罗岛的最高点的高度为1501米。但是,因为它与非洲大陆的距离非常遥远,而且几乎位于最靠近大西洋的边缘处,那里已有4000米的海拔高度,所以整个岛屿的最高海拔高度应该是1501米。这个高度几乎和乞力马扎罗(kilimanjaro)山一样高。但是这个岛屿的最高点并不是在中央山峰的尖部,而是在岛屿上的一座小山峰上。这座山峰和海岸之间由高尔弗陡坡相连。高尔弗陡坡的地貌很像特内里费岛的山谷(如:la orotava, guimar)(图9.1)。高尔弗陡坡的形状大概是一个宽为15千米凹陷的半圆(图9.2)。

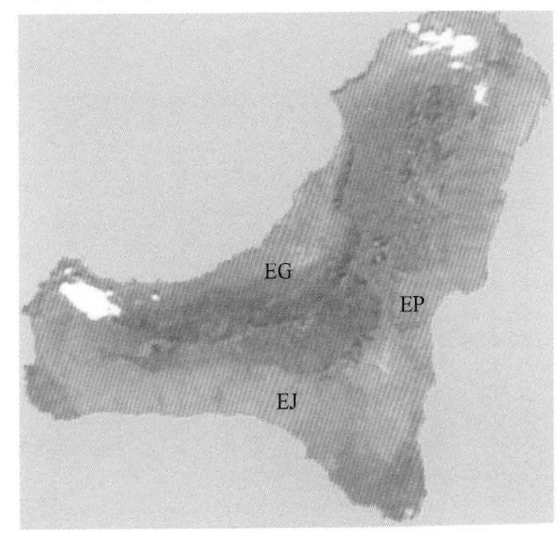

图9.1 耶罗岛空间俯视图,主要特征有三:EG是高尔弗陡坡,EJ是胡蓝陡坡,而EP是海滩陡坡

这个高尔弗陡坡和这个岛屿上的其他的几个小陡坡是四次灾难性崩塌留下的“疤痕”,在陡坡之上近段时间还发生了几次大的崩塌(图9.3)。著名的西西弗斯现象主导了这座岛屿的地貌:如耶罗岛是加那利群岛中唯一一座不存在峭壁的岛屿。

这也就是说,耶罗岛的海岸地区系统性地分布着

图 9.2　从贝娜(Pena)俯瞰高尔弗陡坡

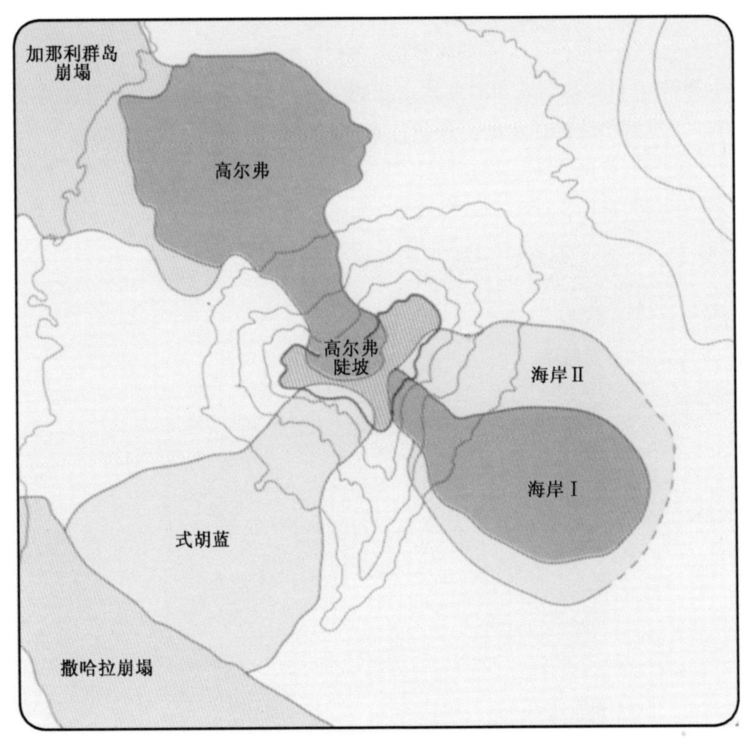

图 9.3　环岛分布的岩屑崩塌沉积示意图

山崖,甚至沿着海岸线向海一直到非常深的地方,都可以看到一座古山崖(图 9.4)。只有在高尔弗陡坡下部有一个早期形成的浪蚀台地,形成了一个在熔岩三角洲形成前的一个高台(图 9.5)。海下的地势给我们提供更多的信息(图 9.6):从这个金字塔的三个交点角度来看,向南指的那个点海峡深约为 10 千米,向海平面下延伸约至 40 千米,但方向并不是直线方向的。另一方面,一幅地貌仿制透视图让我们看出当时高尔弗火山喷发后形成的残锥(图 9.7)

(a)

(b)

图 9.4　(a)从伊索拉瞭望台看到的岛屿东部的山崖;(b)化石山崖,取景于高尔弗陡坡上贝娜小路的尽头处。还请注意:高尔弗火山熔岩斜度很大

图 9.5　在熔岩三角洲上形成的一个新的(用绿箭头指出)浪蚀台地,还有一个(用红箭头表示出)早期形成的浪蚀台地,但部分被风化壳残余物覆盖。此图为高尔弗陡坡最西边的萨尔默尔(Salmor)

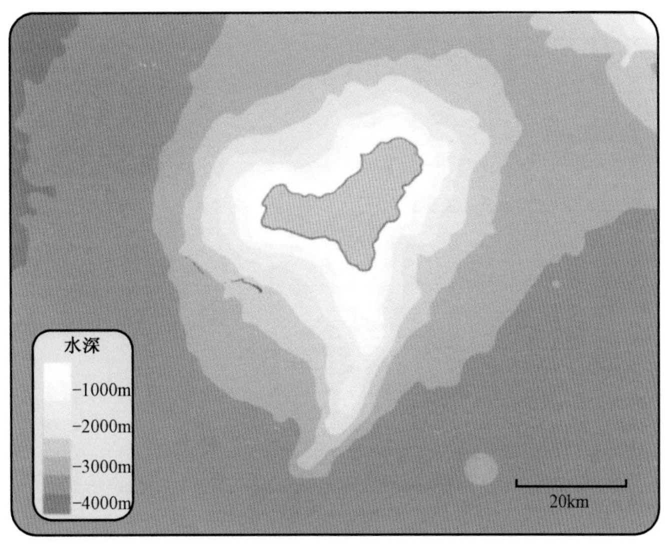

图 9.6　耶罗岛周围地区水下深度示意图,2001 年测出

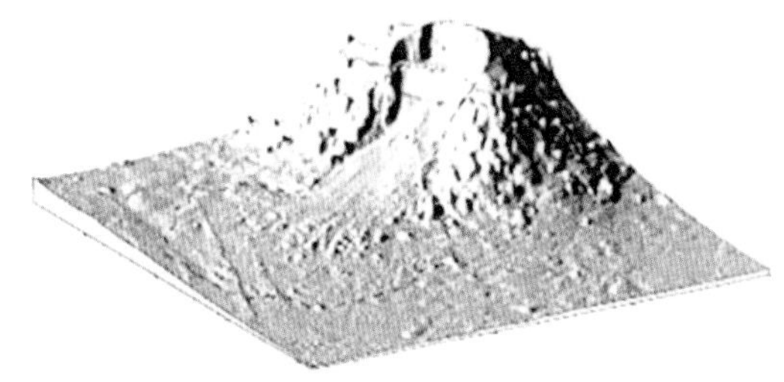

图 9.7　2002 年由马森和其他一些人制作的一幅从岛屿北部平视的示意图,可以看出高尔弗火山的“疤痕”和它崩塌后的残锥

二、地质单元

耶罗岛是一座成分很单一的玄武岩岛屿:科学家们第一次制作它的地质图时很是失望,因为他们找不到其他种类的岩石,因而无法在图上增加哪怕是一种不同的颜色,这也是解释这座岛屿的岩浆演化很慢的主要原因。在耶罗岛地质简图上出现最早的岩石,是临近巴尔贝德的迪纽尔村庄外露的玄武岩。一些权威人士认为它们是由一座很小的盾火山产生的,也就是迪纽尔火山。但是这座岛的其他大量玄武岩是由一座很大的盾火山产生的,也就是高尔弗火山,它的熔岩形成了我们在前面提到过的高尔弗陡坡和坐落在西南部的海滩陡坡(图 9.8)。

高尔弗火山的切面图(图 9.9)显示,高尔弗火山坐落在一个产生糊状岩浆的小火山上(它是岛屿出现的第一状态吗?),并且我们还发现了很多不连续的纯玄武岩。在火山喷发了一次之后,地质情况发生了一些变化。熔岩的主要成分为粗面玄武岩、粗面岩和一些其他被喷出物。总之,火山可以看见的部分约有 600 米厚。熔岩在它的中间部分几乎是水平的,但在周围出现了岩层倾斜的现象:证明这个趋势的一个很好例子就是萨尔默尔穹丘(图 9.10)。

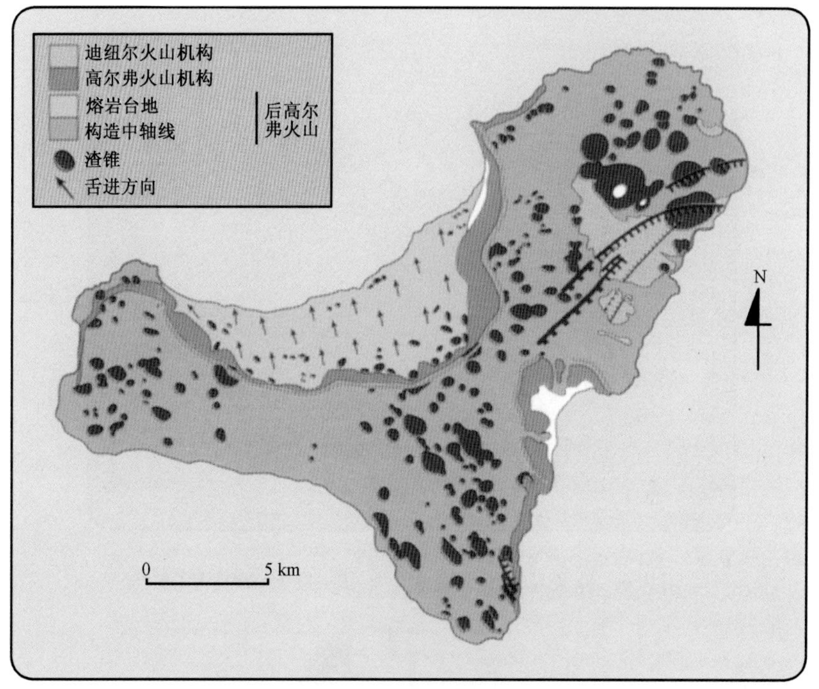

图 9.8　耶罗岛的地质简图，尽管高尔弗火山的产物形成了耶罗岛的大部分，但是却处于很低的位置，因为它们被后来产生的熔岩所覆盖

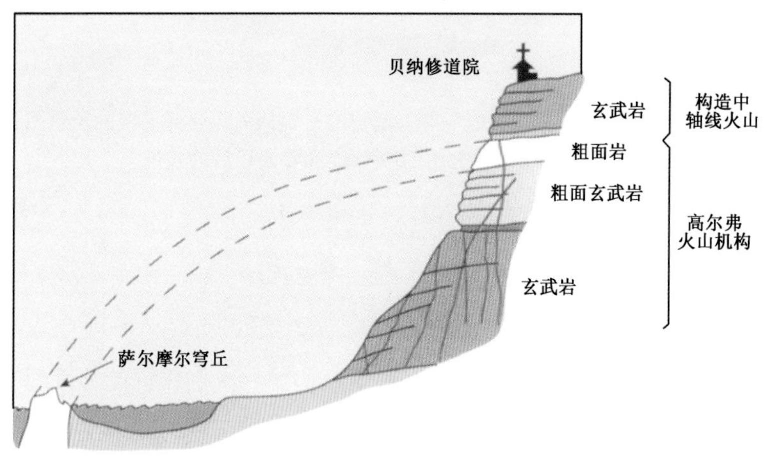

图 9.9　贝娜村处的一处瞭望台外墙的侧切图，高尔弗火山以粗面岩结束，并被构造中轴线上的小火山覆盖着

在高尔弗陡坡的玄武岩的底部，还发现了一种很类似于在介绍特内里费岛时描写的岩屑崩落(图 6.10)，有一条很明显的分界线在那之上(图 9.11)，覆盖在最后产生的、铺散在高尔弗陡坡的凹陷处的熔岩之上(图 9.12)。同时其他的火山都沿着金字塔形成的三个交点很对称地喷发，其间的角度都为 120°。一些研究者把所有后产生的熔岩都归在“新系列”内，但是考虑到这整个岛的年龄本来就不大，我们就把后来产生熔岩的火山叫做后高尔弗火山，分为

图 9.10　从贝娜瞭望台看到的萨尔默尔穹丘，几个坐落在高尔弗陡坡东北部的小岛的组成成分同高尔弗陡坡六百米处外露的粗面岩成分完全相同

“平台火山”和“构造中轴线上的火山”两种。后者也就意味着在耶罗岛上确实存在着一些构造中轴线，在下面的段落中我们会有所涉及。

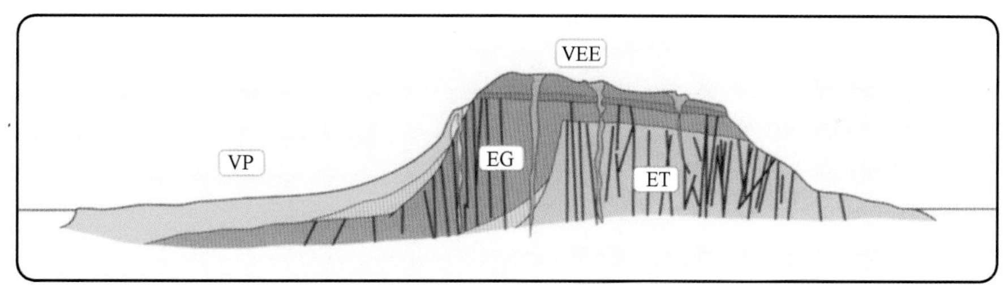

图 9.11　耶罗岛剖面示意图，包括了三个主要部分：ET 是迪纽尔火山；EG 是高尔弗火山；位于高尔弗陡坡岸边平台上的平台火山 VP 上或位于构造中轴线火山 VEE 上的后高尔弗熔岩

图 9.12　离萨比诺萨很近的后高尔弗火山锥。(a)玄武岩层；(b)糊状岩浆，在陡坡上又出现了一个玄武岩锥

三、构　　造

耶罗岛构造组成部分都标在图 9.13 上(图 9.13)。断层、岩墙和虽然列队出现却仍呈对称状的锥体。这是因为像特内里费岛一样在耶罗岛上也存在一些构造中轴线(图 6.16),在拉帕尔玛岛的南部和其他几座岛屿也有类似的情况。耶罗岛上三条构造中轴线中的两条(向西方向的和向东北方向的两条)要比第三条,也就是向南方向的那条更加明显。但自相矛盾的是,这第三条构造中轴线却在深海延伸长度方面有重要的意义。毫无疑问,这些构造中轴线在高尔弗火山锥体的建造方面都是非常活跃的。但是如今令人不解的是,在整个耶罗岛上只有三个端点的位置(有一个需要深入研究的问题)是活跃的。

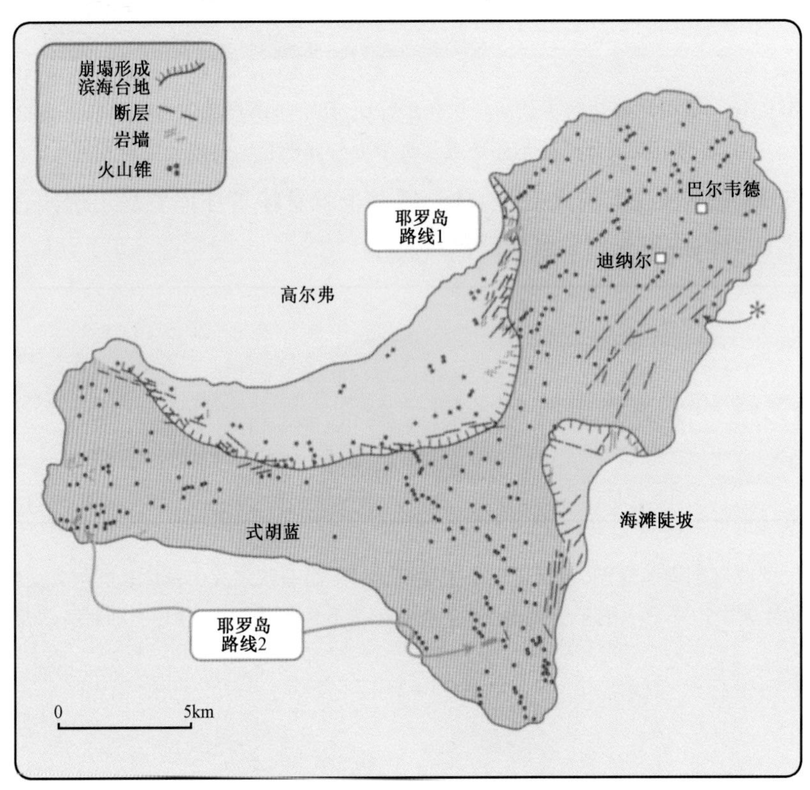

图 9.13　耶罗岛构造图,在这三个部分中只有高尔弗陡坡和海滩陡坡形成了地势上的“疤痕”,用星号标志的断层详见图 9.14

我们可以仔细地研究一些构成构造中轴线的断层。在其中最引人注意的就是坐落在离圣安德烈斯村落很近的一处断层(因此,一些爱开玩笑的研究者为之命名为圣安德烈斯断层,尽管同美国加利福尼亚的圣安德烈斯同名)。这个断层长约 10 千米,大部分被高尔弗火山和后高尔弗火山产生的熔岩覆盖了,但是在靠近海岸的陡坡处的一些地方这些覆盖物被剥蚀了,因此这些地方的断层面很好地外露出来(在露头上角砾突出,图 9.14)。这个断层的垂直高度约为300米,所以岩石的种类非常的多(藏在断层的裂隙中),也正因为此高度才会产生强大的摩擦热能使断层面熔化。我们认为这个断层是一个正断层(走向为东北向70°,岩层倾向为南70°),它揭示了海岸岩块落入海中时的景象。

(a)　　(b)

图9.14　从迪纽尔村落看到的圣安德烈斯断层。(a)全景图,最近为了建设村落挖掘了断层的部分,而它的凝固层因此翘起。断层平面是一个硬度很大的角砾岩,其中角砾用红色箭头表示,翘起的凝固层外皮用蓝色的箭头指出。黄色箭头所指的断裂的岩石是被破坏的或是变形了的熔岩;(b)断层平面的近视图,在这之上我们可以看到角砾和凹洞,这个断层平面因摩擦热能而熔化过,所以硬度如此之大

圣安德烈斯断层的形成会是一个将来发生崩塌的预兆吗?与毫无争议的加利福尼亚的圣安德烈斯的断层的危险性不同,关于耶罗岛上的圣安德烈斯断层的危险性一直存在争议。一些研究人员认为它只是一个旧的伤口(形成于25万年前到45万年之间),它如今的滑落只是由于地心重力造成的,他们认为这个断层已经不活动了。而恰恰相反,另一些研究人员则认为它是海滩火山边缘处的一座火山喷发所形成的(15万年前)。如果真是这样的话,再考虑到其他一些岛屿海岸地区发生多重坍塌之前都曾发生过这种崩塌情况,我们不能排除这个断层在将来继续活动的可能性。

四、耶罗岛的演化

同其他那些演化复杂、毫无规律可言的岛屿相比,耶罗岛的演化过程相当简单(图9.15)。迪纽尔火山从形成到毁灭在110万年到90万年之间,它一直都处于周期性喷发的状态。高尔弗这座巨大的盾火山如今只剩下南边的半部分了。它是在50万年前到10万年前之间形成的,在这期间构造中轴线起着非常活跃的作用,这也很好地解释了耶罗岛给我们提供除

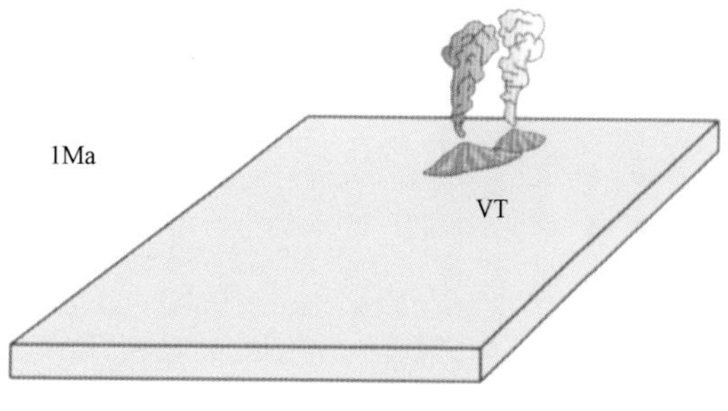

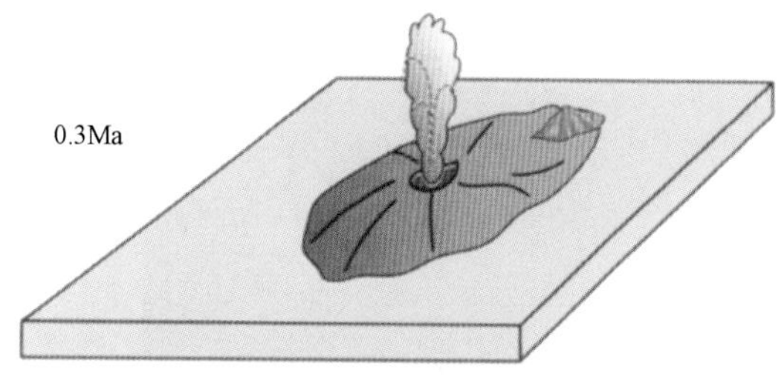

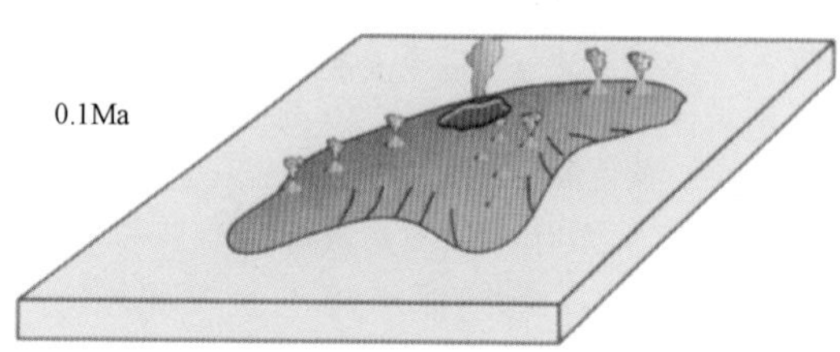

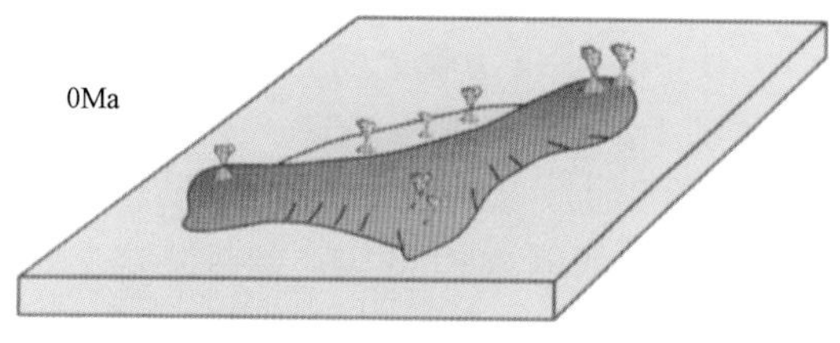

图 9.15　耶罗岛的演化图解，迪纽尔火山和高尔弗火山的形成；胡蓝火山和海滩火山的喷发；高尔弗火山的喷发和高尔弗火山顶部发生的喷发；构造中轴线顶部的火山喷发

了玄武岩还是玄武岩的原因：在岛屿厚度形成的时期，管道系统非常完善，岩浆没有机会在易改变化学物质的岩浆房中停留。因此，整个高尔弗火山的大部分都可以被比作一个自来管道非常畅通的住房，因为这里的自来水管道很少堵塞。但是到最后情况还是变化了（例如我们在高尔弗火山上部分发现了粗面岩和玄武岩），这说明该火山朝着爆发性火山活动的方向转变。难道在高尔弗火山的顶部真的还有一座中心火山吗？还是那里有个粗面岩穹丘？

我们还不能回答这个问题，因为山体的大部分，包括顶峰都因为侧面的一次坍塌被毁坏了。通过观察岩墙我们可以判断出这座巨大的盾火山上部中心位置如今就在高尔弗陡坡上，通过岩石的倾向我们可以计算出这座火山约高2000米。但是，我们还不能清楚地判断出火山的顶部究竟是怎样的，可能只是圆形的熔岩流，像夏威夷岛上的喜拉瓦一样；也可能是一座上部为粗面岩穹丘的火山基底；甚至可能是我们在介绍中提到过的小泰德火山。但不幸的是，早在1.5万年前，高尔弗火上的有关细节就全部消失在大西洋底部了（图9.16）。

山体在建造阶段中就因地心引力作用而发生坍塌：首先是海滩火山的坍塌，它的时间不好计算。之后就是胡蓝的坍塌（在1.6万年之前），之后又是海滩火山新的一次坍塌（1.5万年前左右），最后是91.5万年前高尔弗火山的坍塌。看一下耶罗岛周围的深海崩塌残余物图就可以知道：最后一次的崩塌影响到了整个加那利群岛的崩塌（加那利群岛的崩塌残余）。也就是说岩石似乎是从岛屿下面浮现出来的：事实上，高尔弗火山的坍塌使很多原本在海下长眠的沉积岩变得不稳定，使它们从大西洋的洋脊附近的海底高原露出海面。

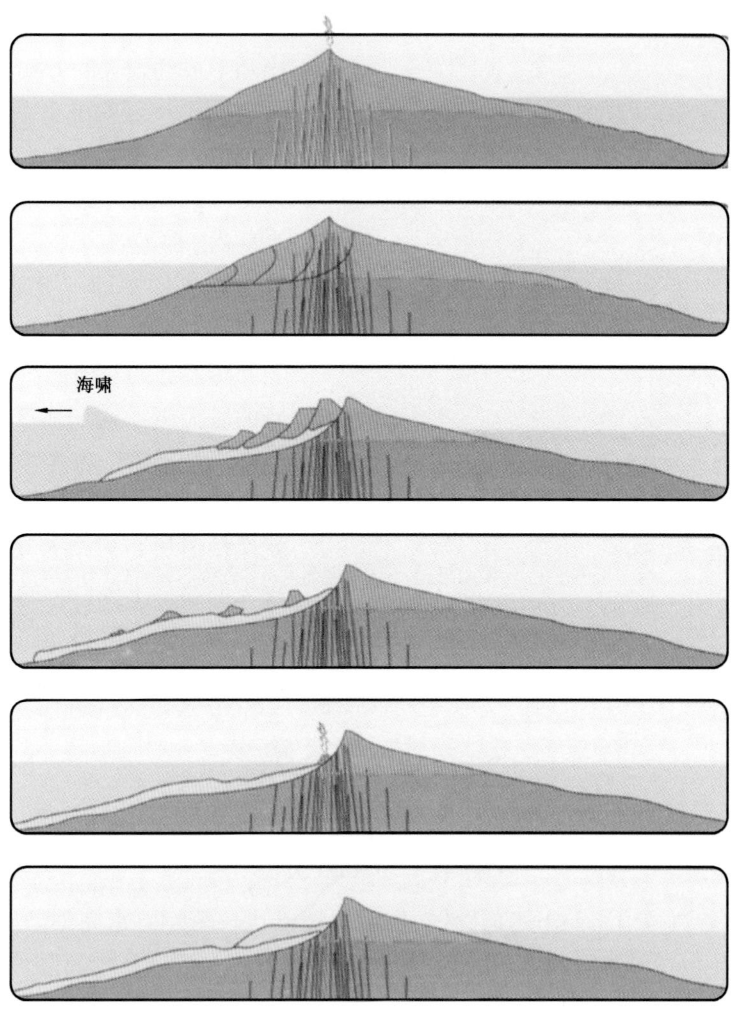

图 9.16　高尔弗火山一系列的向下坍塌过程

还有一个关于这些由地心引力形成坍塌的谜团：在胡蓝火山体上并没有发现滑动留下的痕迹，这种情况在整个加那利群岛都是前所未闻的。也许是在活动的过程中，顶峰几乎没有移动，后来被其他火山喷发的物质覆盖了。

由于岩浆房内部的压力骤减，高尔弗火山喷发形成了后来的多个小火山，这也是岛屿近来形成很多锥体的原因，它们都是在最近 1.5 万年内形成的。这些新的火山有着不同的地势分布状况：从岩浆房中心管道运输上来的岩浆可以更加顺畅地喷出（因为出口低了很多）。三十分之一的锥体都呈现出图 9.12 的形状。这种无阻碍的出口就意味着：岩浆在还没到达构造中轴线上的中间部位时就已经干涸了，因此最近一系列的火山活动都发生在构造中轴线的端点部位。耶罗岛上最近的一些活动或多或少地改变了岛屿原始的面貌，其中最突出的就是高尔弗陡坡地区的海岸线被延伸了，这从我们一开始提到的化石山崖和被掩埋的海滩就可以证实这一点了。

图 9.17　海湾陡斜坡基底塑性变形岩石

我们已经知道了加那利群岛上的火山从形成到毁灭的方式了。如今耶罗岛上有两个地区都非常的活跃,也许在几千年内将会产生几十个或几百个新的火山,甚至可能(或不可能)产生几百万个!(这都取决于岛下剩余岩浆的多少。)若我们拿耶罗岛和与之毗邻的拉帕尔玛岛相比较,我们就可以预言在高尔弗陡坡上的其他部位还会产生其他的新的盾火山。说到那些破坏性进程,人们可不希望这个岛再继续增长了。但高尔弗陡坡的底部却实在很迅速地变形,就像在图 9.17 中看到的那样。这个过程无疑给二十一世纪的地质学家们提供可丰富的研究材料。

五、地质考察路线

路线 1　Golfo 火山

这是一条顺着宽敞道路向下走的路线,但有些地方比较崎岖。走完整条路线需要两个半小时到三个小时(包括停车时间)。用车把那些喜欢郊游的人接到高尔弗陡坡山脚下,或者选择只参观火山的上面部分(就是粗面岩),上下需要一个小时左右。

贝娜瞭望台距巴尔律 9 千米处,顺着经过瓜垃索加村庄的摩加纳尔佛尼公路继续向下行使,会有一个木牌子提示您贝娜瞭望台的位置(这条公路总长 3.7 千米)。从瞭望台向下 100 米左右的位置首先会发现的就是后高尔弗火山产生的第一批熔岩(位于东北向构造中轴线的端点处),以熔岩流的形式结束(15.8 万年),但上部分被红赭石覆盖着(图 9.18:红赭石覆盖在后高尔弗火山产生的第一批岩浆上,图取景于贝娜大道)。这说明红赭石是在大火山活动后形成的。红赭石并不是唯一一个可以说明这座火山活动曾经中断的例子,因为再往下走一点儿便可发现一些非常清晰的沉积角砾岩(图 9.19,后高尔弗火山产生的熔岩上的沉积角砾岩。从它的多棱角和多异质性可以判断出它是一种很少被移动的物质)。这说明火山的擦伤性毁坏的速度非常的快。在向下约 50 米处可以发现粗面岩:一些熔岩流侵入火山岩块,在这之下发现了粗面玄武岩。从这里向下一直到陡坡最底端的岩石成分都是玄武岩。最吸引人注意力的就是岩墙末端消失了,这说明这座盾火山在造山运动中曾有一段活动中断时期。

图 9.18 红赭石覆盖在最早的高尔弗岩浆基底上,图取景于贝娜大道

图 9.19 后高尔弗熔岩基底上的沉积角砾岩。从它的多棱角和多异质性可以判断出它是一种很少被移动的物质

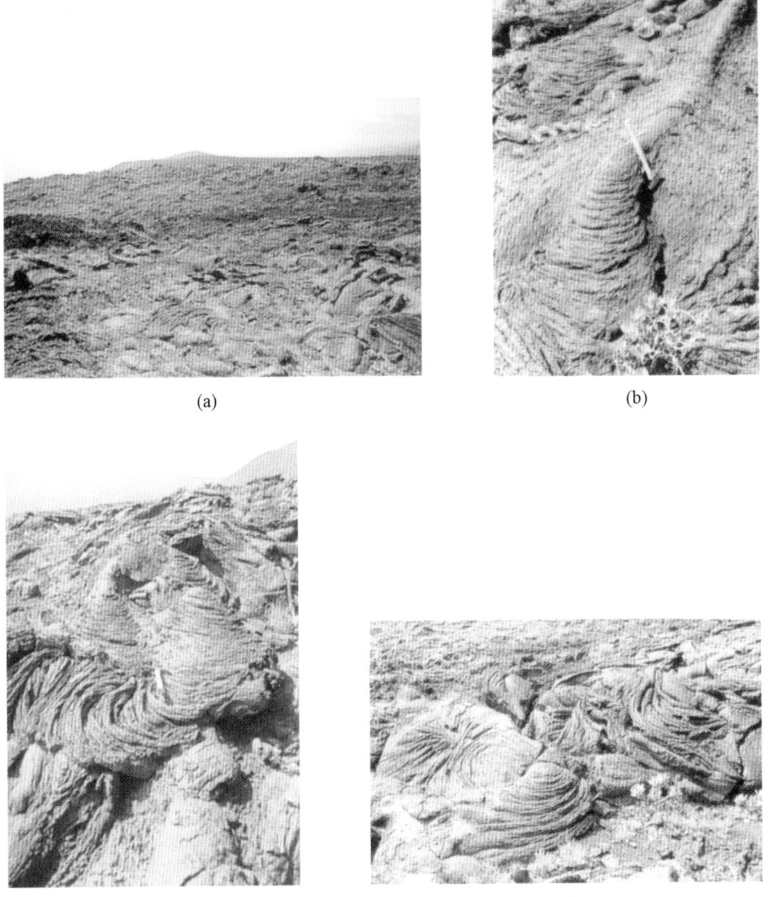

图 9.20 野外绳状熔岩。(a)远视图;(b)和(c)熔岩管道终止于绳状熔岩出现的地方,(b)中箭头指示管道中的熔岩;(d)熔岩碟,半凝固

路线 2　南部的绳状熔岩

在向西和向西南的两条构造中轴线的端点处，那里的一些新火山正在经历着熔岩流以结壳熔岩构造的形式向外扩张的过程。其中之一的火山叫做拉希尔火山，巧合的是在加那利群岛人们正好命名这种熔岩的表面为“拉希尔”（同音）。拉希尔火山坐落在从瓦尔律到雷斯丁加的公路旁，据研究人员介绍，在那里不同高度会发现不同质地、不同形状的熔岩（图 9.20），并且与在夏威夷发现的熔岩很类似。

下面要介绍需要驾车两个小时才能到达的火山，那里人烟稀少，但对于那些大自然爱好者来说，这个地方是一定要参观的！因为如果你到达了那里，你就到达了加那利群岛的尽头。它有一个诗一般好听的名字——欧尔奇亚灯塔火山。这个火山坐落在耶罗岛的西南部，其实与耶罗岛的最西边非常地近，那里的景色美得让人难以用言语表达。欧尔奇亚灯塔火山表面被许多熔岩管道穿透，它们在游客们的脚下穿梭着，仿佛特意为了营造出一种与景色不符的粗糙环境一样。这里的结壳熔岩并没有在希拉尔火山发现的那些那么绝顶精致，但是形状却有意思得多（图 9.21）！总之，欧尔奇亚灯塔火山是一个结束我们对加那利群岛这个火山博物馆参观的绝佳地点！

图 9.21　在欧尔奇亚灯塔火山发现的结壳熔岩。(a)熔岩管道，上部分坍塌；(b)一个小次生熔岩喷气锥；(c)“熔岩小船”，其他熔岩流弓形顶部都被埋在坍塌的熔岩管道之下

推 荐 书 目

布尔塞耶·P,杜利奥斯·J. 2001. 火山与人类. 巴塞罗那:隆瓦格出版社(Lunwerg Editores)
德克尔·R,W,德克尔·B,B. 1993. 火山. 马德里:麦克·劳·希尔出版公司(McGraw Hill)
若干作家合著. 1996. 火山. 科学与研究精选系列丛书之八

专业词汇目录

带有字母 F 的数字表示内含专业术语的图片,斜体字表示在国外和当地通用的词汇。

Acantilados　陡坡

Acumulados　沉积

Almagres　红赭石

Anillos de cenizas　火山灰环

Arrecifes(de coral)　礁石(珊瑚礁)

Atlántida(Leyenda de la)　关于 Atlántida 神话

Avalanchas〔ver Colapsos de flanco〕　山崩,崩塌〔参考"侧向崩塌"〕

Barrancos　悬崖,峡谷,冲沟

Basaltos　玄武岩

Bombas　火山弹

Brechas volcánicas　火山角砾

Calderas　破火山口

Caliche　钙质层,钙质壳

Cámaras magmáticas　岩浆房

Carbonatitas　碳酸盐岩层

Cenizas　火山灰

Chimeneas　火山道,火山管

Coladas〔ver también Lavas〕　熔岩流〔参考"熔岩"〕

Coladas piroclásticas〔ver Ignimbritas〕　火山碎屑流〔参考 Ignimbritas〕

Colapsos de flanco　侧向塌陷,侧向坍塌,侧翼塌陷

Complejos basales　基底,基岩

Cone – sheets〔ver Diques cónicos〕　锥状岩席[参见锥状岩墙群]

Conos de escorias　火山渣锥

Cráteres　火山口

Debris – avalanche〔depósitos de〕　(沉积)碎屑崩塌

Deltas　三角洲

Deltas de lava　熔岩三角洲

Diferenciación magmática　岩浆分异

Diques　岩墙

Diques anulares(Complejo de)　环状岩墙(杂岩)

Diques cónicos(Complejo de = *Cone sheet*)　锥状岩墙(杂岩 = 锥状岩席)

Disyunción columnar　柱状节理

Domos　穹丘

Domos – colada　穹丘流

Dunas　沙丘

Dunitas　纯橄榄岩

Ejes estructurales(= zonas de *rift*)　构造中轴线

Enclaves　包体

Erupciones efusivas　喷溢式喷发

Erupciones estrombolianas　斯通博利式喷发

Erupciones explosivas　爆炸式喷发

Erupciones hawaianas　夏威夷式喷发

Erupciones hidrovolcánicas(= freatomagmáticas)　蒸汽火山喷发(潜水 – 岩浆混合喷发)

Erupciones históricas　历史上的喷发

Erupciones plinianas　普林尼式喷发

Escorias　火山渣

Escorias soldadas　熔结火山渣

Estratovolcanes　层火山

Fallas　断层

Fallas directas　正断层

Fallas inversas　逆断层

Fallas de desgarre　平移断层

Fallas transpresivas　压扭断层

Fallas transtensivas　张扭断层

Flamas　火焰状的

Fonolitas　响岩

Fracturas　断面,断裂

Fumarolas　火山喷气孔,(喷)气孔

Gabros　辉长岩

Hialoclastitas　玻屑岩

Hornitos　次生熔岩喷气锥,寄生熔岩锥

Ignimbritas　火山碎屑流(国内一般译为"熔结凝灰岩")

Jameos　熔岩天井,熔岩管道塌陷的点

Juveniles(Fragmentos –)　岩浆源的,原生的(碎屑)

Lagos de lava　熔岩湖

Lahares　火山泥流

Lajiales 绳状熔岩,结壳熔岩

Lapilli 火山砾

Lavas *aa* 渣块熔岩,翻花熔岩

Lavas almohadilladas(=*pillow* – *lavas*) 枕状熔岩

Lavas cordadas 脊索状熔岩

Lavas en bloques 火山块熔岩

Lavas *pahoehoe* 结壳熔岩,绳状熔岩

Lineaciones 线状构造,区域构造线

Líticos(Fragmentos –) 火山岩石碎块

Magmas 岩浆

Magmas,mezcla de 岩浆的混合

Maares 低平火山口,马尔式火山

Malpaíses 渣块熔岩或火山块熔岩

Mortalón〔ver *Debris* – *avalanches*〕 岩屑崩落

Nubes ardientes〔ver también Coladas piroclasticas〕 火山云,灼热的云状物〔参考“火山碎屑流”〕

Oleadas piroclásticas(=*surges*) 火山碎屑浪(=涌流)

Olivino 橄榄石

Peridotitas 橄榄岩

Pillow – *lavas*(ver Lavas almohadilladas) 枕状熔岩

Piroclastos 火山碎屑

Piroclastos de caída(fallas) 空落的火山碎屑

Pitones〔ver Domos〕 穹丘

Pligues 褶皱

Pómez(=pumitas) 浮岩,泡沫岩

Puntos calientes 热点

Riolitas 流纹岩

Rocas plutónicas 深成岩

Roques〔ver Domos〕 穹丘

Seísmos 地震

Sienitas 正长岩

Sills 岩席

Subducción(zona de) 俯冲(带)

Surges〔ver Oleadas piroclásticas〕 涌浪〔火山碎屑浪〕

Tectónica de placas 板块构造

Tobas〔ver Escorias〕 火山渣

Traquitas 粗面岩

Tsunamis 海啸

Tubos de lava 熔岩管道

Volátiles 挥发分

Volcanes en escudo 盾火山

Volcanes monogenéticos 一次成因火山,只喷发一次的火山

Volcanes submarinos 海底火山

Volcanismo resurgente 复活火山作用